中国特色社会主义新探索

U0311309

中国特色社会主义新探索丛书

赵智奎　主编

程恩富　李成勋　顾问

建设美丽中国

栾贵波　著

北京时代华文书局

图书在版编目（CIP）数据

建设美丽中国 / 栾贵波著 . -- 北京 ：北京时代华文书局，2017.9
ISBN 978-7-5699-1803-8

Ⅰ．①建… Ⅱ．①栾… Ⅲ．①生态文明－建设－研究－中国 Ⅳ．① X321.2

中国版本图书馆 CIP 数据核字（2017）第 211006 号

建 设 美 丽 中 国
Jianshe Meili Zhongguo

著　　者 | 栾贵波

出 版 人 | 陈　涛
策　　划 | 余　玲
责任编辑 | 张　科　周海燕
装帧设计 | 程　慧　王艾迪
责任印制 | 刘　银

出版发行 | 北京时代华文书局 http://www.bjsdsj.com.cn
　　　　　北京市东城区安定门外大街 138 号皇城国际大厦 A 座 8 楼
　　　　　邮编：100011　电话：010 - 64267955　64267677
印　　刷 | 凯德印刷（天津）有限公司　022-29644128
　　　　　（如发现印装质量问题，请与印刷厂联系调换）
开　　本 | 710mm×1000mm　1/16　印　张 | 14　字　数 | 171 千字
版　　次 | 2020 年 4 月第 1 版　　印　次 | 2020 年 4 月第 1 次印刷
书　　号 | ISBN 978-7-5699-1803-8
定　　价 | 58.00 元

版权所有，侵权必究

总　序

赵智奎

　　2017年10月18日，中国共产党第十九次全国代表大会在北京隆重举行。习近平在报告中明确指出："经过长期努力，中国特色社会主义进入了新时代，这是我国发展新的历史方位。"

　　中国特色社会主义进入新时代，这是以习近平同志为核心的中共中央根据世情、国情、党情发展的新变化，特别是根据中国经济实力、科技实力、国防实力、综合国力已进入世界前列，推动中国国际地位实现前所未有的提升，党的面貌、国家的面貌、人民的面貌、军队的面貌、中华民族的面貌发生了前所未有的变化，所作的科学判断。

　　这一科学判断振聋发聩，催人奋进！是中国共产党对全世界和中国各族人民的庄严宣告；是执政党肩负新的时代使命，带领中国人民为实现中华民族伟大复兴的新的历史起点；吹响了中国努力建成社会主义现代化强国，跻身世界先进国家前列的进军号角。而习近平新时代中国特色社会主义思想，是全党和全国各族人民坚持和发展中国特色社会主义，不断取得中国特色社会主义建设事业伟大胜利的指导思想和行动指南。

中国特色社会主义进入新时代，这个新的历史方位意味着什么？这是什么样的时代？我们怎样认识新时代，怎样拥抱新时代，怎样和新时代同呼吸共命运？怎样坚持新时代中国特色社会主义思想？这既是需要认真思考和回答的重大理论问题，更是投身于伟大斗争、伟大工程、伟大事业、伟大梦想中的重大实践问题。对此，中共十九大报告给予了科学的回答和阐述。

习近平同志以"三个意味"阐述了中国特色社会主义新时代的历史方位。新时代意味着近代以来久经磨难的中华民族迎来了从站起来、富起来到强起来的伟大飞跃，迎来了实现中华民族伟大复兴的光明前景；意味着科学社会主义在二十一世纪的中国焕发出强大生机活力，在世界上高高举起了中国特色社会主义伟大旗帜；意味着中国特色社会主义道路、理论、制度、文化不断发展，拓展了发展中国家走向现代化的途径，给世界上那些既希望加快发展又希望保持自身独立性的国家和民族提供了全新选择，为解决人类问题贡献了中国智慧和中国方案。

中国特色社会主义新时代是一个什么样的时代？

首先，是承前启后、继往开来，在新的历史条件下继续夺取中国特色社会主义伟大胜利的时代。其次，是决胜全面建成小康社会、进而全面建设社会主义现代化强国的时代。第三，是全国各族人民团结奋斗、不断创造美好生活、逐步实现全体人民共同富裕的时代。第四，是全体中华儿女勠力同心、奋力实现中华民族伟大复兴中国梦的时代。第五，是中国日益走近世界舞台中央、不断为人类作出更大贡献的时代。

中国特色社会主义新时代之所以被称为"新时代"，一个非常重要的原因，是中国社会主要矛盾已经发生了转化。中共十九大报告表述为"我国社会主要矛盾已经转化为人民日益增长的美好生活需要和不平衡不充分的发展之间的矛盾"。

社会基本矛盾，社会主要矛盾，主要的矛盾和矛盾的主要方面，是马克思主义关于社会形态以及唯物辩证法的基本范畴。马克思主义认识论认为，生产力和生产关系的矛盾、经济基础和上层建筑的矛盾，存在于一切形态之中，规定社会的性质和基本结构。在社会主义社会中，基本矛盾仍然是生产力和生产关系、经济基础和上层建筑之间的矛盾。而社会主要矛盾，在不同的社会形态和不同的时代，是不同的，也是在发展变化的。

中国是社会主义国家，由于剥削阶级已经消灭，阶级斗争虽然还在一定范围内存在，但社会的主要矛盾已经不是阶级斗争。1956年，中共八大指出："我们国内的主要矛盾，已经是人民对于建立先进的工业国的要求同落后的农业国的现实之间的矛盾，已经是人民对于经济文化迅速发展的需要同当前经济文化不能满足人民需要的状况之间的矛盾。"1987年，中共十三大指出"我国正处在社会主义初级阶段"，"我们现阶段所面临的主要矛盾，是人民日益增长的物质文化需要同落后的社会生产之间的矛盾"。此后，中共十五大、十六大、十七大、十八大都坚持了这一认识判断。现在中共十九大作出了新的判断，即中国社会主要矛盾已经转化为人民日益增长的美好生活需要和不平衡不充分的发展之间的矛盾。

这说明了什么？第一，从中国社会主要矛盾存在的现实来看，已经不再是一般地泛指人民日益增长的物质文化需要，而是人民日益增长的美好生活的需要；也不再是落后的生产发展，而是不平衡不充分的发展。表现了中国社会生产力水平总体上已经显著提高，社会生产能力在很多方面进入世界前列。第二，理论来源于实践。从认识论原理上来看，在复杂的事物发展过程中，有许多的矛盾存在，其中必有一种是主要的矛盾，由于它的存在和发展规定和影响着其他矛盾的存在和发展。事物的性质主要是由取得支配地位的矛盾的主要方面所规定的。取得支配地位的矛盾的主要方面发生了变化，事物的性质也就随着发生变化。现在，社会主要矛盾的现实已经发生了改变，反映现实的理论当然也要有新的变化和新的表述。

第三，中国改革开放历经40年的发展，中国特色社会主义建设事业取得了巨大的成就，完成了伟大的历史性变革。正如习近平在十九大报告中所说："我们党团结带领人民完成社会主义革命，确立社会主义基本制度，推进社会主义建设，完成了中华民族有史以来最为广泛而深刻的社会变革，为当代中国一切发展进步奠定了根本政治前提和制度基础，实现了中华民族由近代不断衰落到根本扭转命运、持续走向繁荣富强的伟大飞跃。"

显然，新时代中国特色社会主义是以完成了伟大的历史性变革为前提和条件的；是以出现新的社会主要矛盾转化为基础和支撑的。新时代中国特色社会主义建立在这些基础之上，这是新时代的显著特点。

新时代、新使命、新思想、新征程，体现在伟大斗争、伟大工程、伟大事业、伟大梦想里，这"四个伟大"彰显了新时代的使命和征程。我们怎样拥抱新时代，不断取得新的胜利？首要的是坚持习近平新时代中国特色社会主义思想，用习近平新时代中国特色社会主义思想指导伟大的实践。这就要求我们准确理解和把握这一指导思想。

习近平新时代中国特色社会主义思想，是以习近平同志为核心的中国共产党人，坚持以马克思列宁主义、毛泽东思想、邓小平理论、"三个代表"重要思想、科学发展观为指导，坚持解放思想、实事求是、与时俱进、求真务实，坚持辩证唯物主义和历史唯物主义，紧密结合新的时代条件和实践要求，以全新的视野深化对共产党执政规律、社会主义建设规律、人类社会发展规律的认识，进行艰辛理论探索，取得的重大理论创新成果。

习近平新时代中国特色社会主义思想，从理论和实践结合上系统回答了新时代坚持和发展什么样的中国特色社会主义、怎样坚持和发展中国特色社会主义，包括新时代坚持和发展中国特色社会主义的总目标、总任务、总体布局、战略布局和发展方向、发展方式、发展动力、战略步骤、外部条件、政治保证等基本问题，并且要根据新的实践对经济、政治、法治、科技、文化、教育、民生、民族、宗教、社会、生态文明、国家安全、国防和军队、"一国两制"和祖国统一、统一战线、外交、党的建设等各方面作出理论分析和政策指导，以利于更好坚持和发展中国特色社会主义。

习近平新时代中国特色社会主义思想，是对马克思列宁主义、毛泽东思想、邓小平理论、"三个代表"重要思想、科学发展观的继承和发展，是马克思主义中国化最新成果，是党和人民实践经验和集体智慧的结晶，是中国特色社会主义理论体系的重要组成部分，是全党全国人民为实现中华民族伟大复兴而奋斗的行动指南，必须长期坚持并不断发展。

拥抱新时代，团结共奋进。中国人民将紧密团结在以习近平同志为核心的中共中央周围，高举中国特色社会主义伟大旗帜，锐意进取，埋头苦干，做好本职工作，为决胜全面建成小康社会、夺取新时代中国特色社会主义伟大胜利、实现中华民族伟大复兴的中国梦、实现人民对美好生活的向往，贡献自己的全部力量。

　　新时代、新使命、新思想、新征程，这是一个伟大的新时代，让我们拥抱伟大的新时代，不辜负伟大的新时代，团结起来，共同奋进，不断取得新的更大胜利！

目　录

引言　美丽中国，举国梦想／001

第一章　中国生态文明建设的理论基础
　　　　——"山水林田湖草是一个生命共同体"

　　一、中国传统文化的自然观／003

　　二、西方哲学思想的自然观／009

　　三、人类对现代工业社会发展实践的反思／017

　　四、中国经济社会发展"五位一体"的总体布局／032

第二章　中国生态文明建设的新理念
　　　　——"为子孙后代留下可持续发展的'绿色银行'"

　　一、绿水青山就是金山银山／037

　　二、良好生态环境是最公平的公共产品／041

　　三、不以GDP论英雄／045

　　四、建设"美丽中国"／052

五、环境治理是一个系统工程 / 055

第三章　健全生态保护与治理的制度体系
　　——"完善经济社会发展考核评价体系"

一、国家自然资源资产管理体制 / 063

二、建立国土空间开发保护制度 / 070

三、建立空间规划体系 / 076

四、完善资源总量管理和全面节约制度 / 080

五、健全资源有偿使用和生态补偿制度 / 088

六、建立健全环境治理体系 / 094

七、健全环境治理和生态保护市场体系 / 100

八、完善生态文明绩效评价考核和责任追究制度 / 111

第四章　践行绿色发展的成效
　　——"保护生态环境就是保护生产力"

一、全力加强污染治理，环境质量有所改善 / 121

二、生态文明法治建设不断加强 / 129

三、绿色经济、循环经济和低碳经济快速发展 / 138

四、科技对绿色发展的支撑作用日益强化 / 151

五、生态文明示范基地建设卓有成效 / 157

六、全社会生态文明意识显著提高 / 164

第五章　美丽中国建设与全球生态安全
　　　　——"共建生态良好的地球美好家园"

一、全球生态安全面临的挑战与应对举措／173

二、各国负有共同但有区别的责任／179

三、中国建设美好地球家园的坚定决心和积极行动／188

结束语／200

引言 美丽中国，举国梦想

茫茫宇宙，广袤无垠，浩瀚星宇，无边无际。大约47亿年前，人类赖以生存的地球诞生。在300万年前左右，人类才出现在这个蓝色星球，地球孕育出自然界唯一具有意识和自觉能动性的物种，人类与自然界的关系由此迈出了新的纪元。人类关于自然界的本质、万物起源乃至对自身认知的探索和认识活动从来没有停止过。但人是自然的产物，自然生态系统是人类产生的本源，人类一刻也无法离开大自然而独立生存和发展。德国思想家卡尔·马克思（Karl Heinrich Marx）在《1844年经济学哲学手稿》中深刻指出："自然界，就它自身不是人的身体而言，是人的无机的身体。人靠自然界生活。""自然界是人为了不致死亡而必须与之处于持续不断地交互作用过程的、人的身体。所谓人的肉体生活和精神生活同自然界相联系，不外是说自然界同自身相联系，因为人是自然界的一部分。"①

人类从远古时代的茹毛饮血、流离失所，到逐渐认识规律、掌握规律和利用规律，建立现代工业文明社会，实现了人类社会的延绵生存和不断发展，是一个人类从自然界的必然王国走向自由王国的自然历史过程……进入21世纪，人类已经掌握自然界越来越丰富的规律，但仍然受到疾病、环境、气候、时空等外界因素的各种制约，远没有抵达自由王国的彼岸。这个自由王国不是人类试图单方面征服自然能够实现的，而是作为自然界的一部分的人类，如何掌握和利用自然规律与之和谐相处、共处共生，才能够实现永续发展。

中国是举世闻名的文明古国，人类文明的发祥地之一。"道法自然""天人合一"的自然观古已有之，成书于3000年前中国古代西周时期的《周易》讲天、地、人三才之道，是三者有机统一的整体世界观，"天人合一"的思想在其中是以"与天地和其德"的理想表达出来的。

当今世界，面临着人口膨胀、生态危机、环境恶化、资源滥用的全球困境，如何实现人的具体实践活动与自然界的和谐发展，如

---

① ［德］马克思：《1844年经济学哲学手稿》（节选），《马克思恩格斯选集》第一卷，人民出版社1995年版，第45页。

何实现人类社会的永续发展，是关乎全人类生存命运的重要命题。1949年中华人民共和国成立，彻底结束了近代以来的外敌入侵和百年战乱，实现了真正意义上的民族独立，中国人民展开了建设和改革的新航程。新中国承袭中国悠久历史文化传统的自然观，从成立初期至今，虽然中国政府都重视生态文明的建设，但在不同的历史时期，国家面临不同的重大发展任务，都有一个从粗放发展型到集约发展型社会的转变过程。时至今日，中国的环境问题仍是一个亟待解决的社会问题。一些企业和个人单方面追逐利润，忽视对公共自然环境的保护，导致的水体污染、土壤污染和空气污染等成为影响国家经济持续稳定发展和危害人们健康的重大民生问题。

2012年召开的中国共产党第十八次全国代表大会，成为中国政府在生态文明建设发展之路上的新坐标，中国特色社会主义进入了新时代。中国政府摒弃了长年依赖的唯GDP增长论，把生态文明建设提到了前所未有的高度，着眼于全面建成小康社会、实现社会主义现代化和中华民族伟大复兴，对推进中国特色社会主义事业作出了"五位一体"的总体布局。废除传统的依靠资源消耗、单向排污的经济发展方式，采用资源节约、循环利用的新经济发展方式来有效克服传统经济发展方式的局限，既可以实现经济发展，同时也可以实现环境保护，以最小的代价对人与自然的物质变换进行合理地调整与控制。

2017年10月18日，中国共产党第十九次全国代表大会召开，习近平总结了五年来生态文明建设所取得的成效："大力度推进生态文明建设，全党全国贯彻绿色发展理念的自觉性和主动性显著增强，忽视生态环境保护的状况明显改变。生态文明制度体系加快形成，主体功能区制度逐步健全，国家公园体制试点积极推进。全面节约资源有效推进，能源资源消耗强度大幅下降。重大生态保护和修复工程进展顺利，森林覆盖率持续提高。生态环境治理明显加强，环境状况得到改善。引导应对气候变化国际合作，成为全球生态文明建设的重要参与者、贡献者、引领者。"他明确提出了："建设生态文明是中华民族永续发展的千年大计。必须树立和践行绿水青山就是金山银山的理念，坚持节约资源和保护环境的基本国策，像对待生命一样对待生态环境，统筹山水林田湖草系统治理，实行最严格的生态环境保护制度，形成绿色发展方式和生活方式，坚定走生产发展、生活富裕、生态良好的文明发展道路，建设美丽中国，为人民创造良好生产生活环境，为全球生态安全作出贡献。"生态文明建设成为中国特色社会主义建设的一部分，成为全党和全国人民未来的奋斗目标。

实现中华民族伟大复兴是中华民族近代以来最伟大的梦想，其基本内涵是实现国家富强、民族振兴、人民幸福。建设美丽中国是中国梦的重要标志，这是无数中国人的夙愿，体现了中华民族的整体利益，是每一个中华儿女的共同期盼。以习近平同志为核心的中共中央提出，建设生态文明，是关系人民福祉、关乎民族未来的长远大计。中国人民对美好生活的向往就是中国共产党努力奋斗的目标，实现中国人民对美好生活的向往是中国共产党的历史使命。正所谓"民有所呼，我有所应"。

第一章　中国生态文明建设的理论基础

——"山水林田湖草是一个生命共同体"

中华优秀传统文化是习近平治国理念的重要来源之一，近年来，无论在国内考察还是到国外出访，习近平多次强调中华传统文化的历史影响和重要意义。当今中国生态文明建设的理论和实践，具有中华传统文化中丰富自然观的积淀，从中国古代哲学家对天人关系的认知中汲取有益成分，对人类重新认识自然、认识人与自然的关系，依然具有极大的启发意义。马克思主义自然观和西方国家思想家人与自然和谐发展的思想同样具有指导和借鉴意义。吸收和借鉴人类文明的有益成分，形成了当代中国生态文明建设的价值取向和理论基础。

一、中国传统文化的自然观

中国传统文化中有丰富深邃的人与自然关系的哲学思想和闪光智慧。在中国古代哲学中，主流观点是"天人合一"的思想。《周易》是中国传统思想文化中自然哲学与人文实践的理论根源，相传是周文王姬昌所写。这本著作是中国古代汉民族思想、智慧的结晶，被誉为"大道之源"，其内容极其丰富，对中国几千年来的政治、经济、文化等各个领域都产生了极其深刻的影响。它强调人们的一切行为都要以预见自然规律、遵从自然规律、符合自然规律为前提，只有这样才能获得成功。

《周易》讲天、地、人三才之道，是三者有机统一的整体世界观，"天人合一"的思想在其中是以"与天地和其德"的理想表达出来的。在"天人合一"的命题中，人来源于天，也就无所谓相分离的主体与客体，人既然与天是一体的，就不存在真正意义上的主体与客体的区分，人之所以为人，所特有性的本身就是来源于天，人在实践中通过尽心知性，从而知天。这种观点超越了人作为观察世界主体的认识局限，认为人所能看到的人与天的分离只是一种表象，因为人的本质的规定性是与天同一的，人是自然界的产物并且是自然界的一部分。遵循这样一种认知路径，我们对待自然，也就等于对待自己，反之亦然。所谓人与自然相处这种表面的相处方式，人类需要借助内心的内省，发扬人类内心"善的本性"来认识和遵循自然规律和维护天的自然性。

中国古代还探究了自然更替的规律，强调人顺应自然规律才能够实现自身的发展。《周易·系辞下》载："日往则月来，月往则日来，日月相推而明生焉；寒往则暑来，暑往则寒来，寒暑相推而岁成焉。"意思是说：每天太阳下山月亮就升起来，每天月亮落下太阳就升起，日月的更换成就了明天。冬去夏来，夏走冬至，冬夏交替所以才形成岁月变迁。以上表达了"使民以时"的思想。该书又讲道："范围天地之化而不过，曲成万物而不遗"，表达了思想家关于参照天地运转的规律而不逾越，这就是成就万物而且无一例外的规律的深刻思想。教育人们在改造自然的同时要顺应自然，在不破坏自然的条件下调整自然以达到天人互相和谐的理想目标。人的活动要顺应天时，春耕夏耘秋收冬藏。一切"揠苗助长"违反天时的行为都是荒谬的。人对自然的适应与改造、尊重与利用是辩证的统一。

　　中国古代道家从"道法自然"的角度提出了"天人合一"的生态自然观，春秋战国时期的思想家老子认为道不仅是天地万物创生的始源，而且生养万物，运化万物，推动并参与万物的流行变化。人来源并统一于自然，并且必须在自然允许的条件下才能够生存，也必须遵循自然的法则才能够求得发展。"人法地，地法天，天法道，道法自然""一生二，二生三，三生万物，万物负阴而抱阳，充气以为和"，讲的都是这个道理。

　　道家思想代表人物庄子（约前369—前286）是战国中期的著名思想家、哲学家和文学家。庄子"人与万物一体"的思想在传统文化中占有重要地位，《庄子·齐物论》中提出"天地与我并生，而万物与我为一"，即是说天地生人，人是自然的一部分。天地与人一同生存，万物与人合而为一，阐发了天地、万物与人的不可分离，肯定了人是由自然演化而生，人是自然的组成部分。《庄子·让王》载："日出而作，日入而息"，同样是讲人的行为包括日常作息都应当顺应自然规律。他肯定了人的一切皆得自天地自然。"汝身非汝有也，……孰有之哉？曰：是天地之委形也。生非汝有，是天地之委和也；性命非汝有，是天地之委顺也；子孙非汝有，是天地之委蜕也。"这里他不以人类为中心来看待自然，认为人的身体、生命、禀赋、子孙皆不为人类自身所拥有，而是大自然和顺之气的凝聚物，人类应当尊重天地自然，尊重万物，与自然和谐共处。

儒家也是中国古代具有深远影响的思想派别，被认为是统治中国几千年的正统思想。儒家受《周易》和道家思想的影响，同样包含"天人合一"的自然观。虽然儒家对人本身的关心胜过关心自然和生物，但在"天人合一"理念的影响下，主张在天地人的关系中必须以谋求天地人的和谐为前提，同样把人视为自然大家庭中的一个成员。孔子（前551—前479）是中国著名的思想家、教育家，曾把对待自然的态度看成一种道德问题。孟子（约前372—前289）是儒家学派的另一位重要代表人物，他更主张天人相通，人性也就是天性，强调要爱护自然之物。在《孟子·尽心上》里便提到："君子之于物也，爱之而弗仁；于民也，仁之而弗亲。亲亲而仁民，仁民爱物。"宋朝的儒学家朱熹（1130—1200）认为宇宙自然与人伦礼义不但没有分别，而且彼此渗透，融合一体。他强调了人的积极性，主张通过人的积极能动性来促进天、地、人三才并进，体现了一种积极进取的实践理性和道德精神，表达了既要改造和利用自然，又要保护自然的态度。

道家"天人合一"的思想以宇宙论为依据，强调通过人自身的修养来达到与宇宙万物的契合，它倾向于以"人道"的修行来符合"天道"的规律。道家的"天人合一"就是要求通过自我参悟的体道修行，来实现形而上的自我超越，最终实现人的真我，使人自我达到与本体的合一，认识到自然之化和宇宙精神的最高体现，从而依循自然而为，去除一切对天地万物和人本身的有意造作及加工，无心地返归生命之源，融入自然生态系统之中。儒家以人性论为依据，强调天道与人道伦理本体上的合一不同。

虽然儒家和道家"天人合一"的思想理论依据存在明显差异，但是殊途同归，两者都强调了天人关系的一体性，强调了人类源于自然界，又依赖于自然界。他们都主张人和自然的和谐共处，包含了处理人与自然关系的丰富的生态伦理传统。

中国古代名著《吕氏春秋》是在秦国丞相吕不韦（？一前235）主持下，集合门客们编撰的一部黄老道家名著，成书于秦始皇统一中国建立秦朝的前夕。此书以儒家学说为主干，以道家理论为基础，以名、法、墨、农、兵、阴阳家的思想学说为素材，熔诸子百家学说为一炉，闪烁着博大精深的智慧之光。其中有一段："竭泽而渔，岂不获得？而明年无鱼。焚薮而田，岂不获得？而明年无兽。"意思是说，假如使河流干涸而捕鱼，难道会没有收获吗？但第二年就没有鱼了。烧毁树林来打猎，怎么可能打不到？但第二年就没有野物了。这也体现了当时对人与自然关系的思考，揭示出人类对自然的索取一定要适度，过度索取就是破坏自然、破坏人类的可持续发展的根基。

中国古人经历认识改造客观世界的实践和思辨，深刻认识到大自然与人类的关系，形成了丰富的生态思想，悠久厚重的中华文明是中国生态文明建设的天然土壤，中华民族始终把生态文明建设作为孜孜追求的价值目标，只不过在不同的历史时期和历史条件下，其展开的程度有所不同。

2017年5月20日，习近平考察广西壮族自治区南宁市那考河生态综合整治项目时说，生态文明建设是中共十八大明确提出的"五位一体"建设的重要一项，不仅秉承了天人合一、顺应自然的中华优秀传统文化理念，也是国家现代化建设的需要。因此，深刻挖掘中国传统文化中的生态观念，总结生态文明发展的成败得失，有利于深化对中国传统文化的认识，丰富当代生态文明建设的深厚理论基础。源自中华民族五千多年文明历史所孕育的中华优秀传统文化，熔铸于中国共产党领导人民在革命、建设、改革中创造的革命文化和社会主义先进文化，植根于中国特色社会主义伟大实践。

二、西方哲学思想的自然观

　　早在古希腊时期，思想家、科学家、哲学家泰勒斯（Thales）提出了"水是万物的本原"的论断，这个看似简单的命题，实际上宣告了人类主体性的确立和人与自然原始同一状态的结束。自此人和自然严格地区分开来，西方走上了对自然采取客观研究的道路，发展了人类以自我为中心的科学和哲学。公元前5世纪希腊哲学家、智者派的主要代表人物普罗泰戈拉（Protagoras）在其名著《论真理》中明确地说："人是万物的尺度，是存在者存在的尺度，也是不存在者不存在的尺度。"于是把人看作了自然界的中心，而养育了人类的自然从此成了与人对立的东西，成了人们征服的对象。这些思想后来成为工业文明人与自然分离并力求控制自然的核心思想。

　　进入中世纪以后，尽管欧洲的科学研究进入了前所未有的黑暗时期，但这种控制自然的思想却因与基督教教义相符而得到保存。据《圣经·创世纪》记载，神创造了世间万物，并允许人类自由处置他所创造的万物，允许人类按其愿望去利用它们。对此后来的基督教神学又作了进一步的解释：上帝在创造了人之后，便规定了"物和生物"除了为人服务以外，不可能有任何别的使命；按上帝样子创造的人，被赋予为了自己的物质需要利用自然的使命，即主宰一切的上帝给了人类统治自然的特权。西方生态马克思主义的代表人物、加拿大作家威廉·莱斯（William Leiss）1994年在其出版的著作《自然的控制》（*The Domination of Nature*）中揭示了这种理论的实质：《圣经》中上帝进行创造的故事宣布了上帝对宇宙的统治权以及人对地球上具有生命的创造物的派生统治权，正是这个权力因素将人从其他被创造的东西中分离出来。控制自然和控制人这两方面在其全部历史发展中存在着内在的联系，控制自然应重新解释为对人类和自然之间的关系的控制，这种控制的真正对象是人。

人类在经过14世纪到17世纪欧洲文艺复兴思想文化运动时期之后，恢复了对自身力量的认识和信心，更加大胆地表达了驾驭自然的决心。英国唯物主义哲学家弗朗西斯·培根（Francis Bacon）从唯物主义路线出发，论证了人能够通过经验归纳方法把握自然界的规律，由此人可以利用自然和征服自然。他指出"人……是自然的仆役和解释者"，提出了"知识就是力量"的著名口号。法国著名唯理主义哲学家勒内·笛卡尔（Rene Descartes）则认为人的理性是真实的、万能的，他的名言是："借助实践哲学，我们就可以……使自己成为自然的主人和统治者。"到了18世纪，德国著名哲学家格奥尔格·威廉·弗里德里希·黑格尔（G. W. F. Hegel）更是明确指出自然界不过是绝对精神的外化，因此，理性就成了自然界的"创世主"，这样人的理性就被提升到了至高无上、支配一切的地位。这样，人立于自然之外并且"公开而正当"地控制、支配自然的思想就始终是西方世界的主导思想，孕育了"自然的价值在于对人类的有用性"这一自然观。

从伊曼努尔·康德（Immanuel Kant）到弗里德里希·黑格尔的德国古典哲学在其思辨的抽象的逻辑推演过程中，极大地发挥了人的主体能动性思想。康德的哲学要实现"人为自然立法"的哥白尼式革命，约翰·戈特利布·费希特（Johann Gottlieb Fichte）哲学中要求实现行动的"自我"产生"非我"所体现的创造精神，黑格尔绝对精神的永恒外化及回归。这些无一不体现了近代以来人类在科技和工业革命的推动下所获得的主体能动性。另一位德国哲学家安德列斯·费尔巴哈（Andreas Feuerbach）把人周围经过人的实践作用过的自然界理想地幻化为某种天然物质存在，把上帝、绝对精神归结为感性的人的本质的异化。

19世纪中期，德国哲学家、思想家卡尔·马克思（Karl Marx）和弗里德里希·冯·恩格斯（Friedrich Von Engels）完成了从旧唯物主义到历史唯物主义的转变，发展了生态文明思想，马克思的自然观是对德国古典哲学的革命变革。

马克思的唯物主义承认自然界的先在性和优先地位，从根本上，自然并不属于任何人，"从一个较高级的社会经济形态的角度看，个别人对土地的私有权，和一个人对另一个人的私有权一样，是十分荒谬的。甚至整个社会，一个民族以至一切同时存在的社会加在一起，都不是土地的所有者"①。马克思通过土地强调了自然的物性、独立性、先在性。没有自然界，劳动就什么也不能创造。自然界是劳动者用来实现劳动、在其中展开劳动活动的前提条件。自然是任何劳动的"物"的基础。因而实践所表明的人的能动性和创造性是一种既受自然制约又受社会制约的主体能动性。人的活动一方面受外部自然和自身自然的制约，另一方面又受一定的社会物质生活条件的制约。

既然自然是实践的前提，是人类历史的出发点，那么，保护与合理利用自然资源，保护大自然的生态平衡，保护动植物种类的多样性，走可持续发展之路正是马克思唯物主义自然观的内在要求。

马克思主义自然观承认自然界的优先性，承认自然规律的客

---

① 《马克思恩格斯文集》第七卷，人民出版社 2009 年版，第 878 页。

观性和不可取消性，坚持尊重客观规律；主张自然界是人赖以生存的前提，人来自自然界，永远不能彻底脱离自然界，人的自由王国要建立在必然王国的基础之上；认为人再生产了自然界，在这个意义上，自然是人的产品。人通过对象性活动，将自己的本质力量体现在自然上，人的实践活动使自然不再是原始的自然，而是人化自然；人与自然的关系，正在经历着由分离走向统一的过程等等。这些思想是由马克思和恩格斯共同创立和阐述的，恩格斯赞同辩证自然观，他在《反杜林论》第三版序言中曾说："马克思和我，可以说是把自觉的辩证法从德国唯心主义哲学中拯救出来并用于唯物主义的自然观和历史观的唯一的人。"①

马克思和恩格斯早期的著作对人与自然的关系作过论述，探讨了人与自然关系的"异化"的问题。"异化"一词是德国古典哲学的术语，由费希特最早使用，经黑格尔高度概括的哲学概念。其含义可以概括为主体自我外化为客体，即主体变成与自己相异的客体，客体反过来与主体相对立。马克思主义生态文明思想中人与自然关系的"异化"，在《资本论》《反杜林论》和《自然辩证法》等著作中，阐释了作为主体的人同劳动对象由同一到分裂和对立的

---

① 《马克思恩格斯选集》第三卷，人民出版社 1995 年版，第 51 页。

根本原因，以这个视角来审视今天环境和生态问题可以发现，人与自然关系的对立源于人类的劳动活动和生命活动的异化，人类不再将自然界看作自身的无机的身体，而是将自然界看作异于自身的客体，同时将劳动活动看作是确证自己的本质力量的手段，把对自然界的占有的程度看作衡量自己社会地位的标准。

马克思认为人和自然关系的观念也是历史的。人类实践对自然界所具有的决定性影响和作用是从人类生产力获得极大提高的资本主义发展时期开始发生的。虽然一般自然先于人而存在，但人的实践活动却又在一个新的基础上成为我们这个感性世界的前提。实践不仅将自在自然变成人的感性世界，而且还创造出新的物质存在样式，使自然按照人的目的发生改变。

马克思自然观的实践价值在于，揭示出人与自然之间以及由之衍生的各种关系之间的客观关系。虽然现代化的直接动力是资本的无限增值和扩张的本质，但其背后更深层的动因则是生产力发展水平所提供的可能和要求。现代技术革命与社会化大生产既是自然人化的结果，同时又在更大的程度和范围为人变革自然提供了无限可能。

人与自然的对立和矛盾本身是要通过历史的活动来克服和消除的。马克思、恩格斯晚年还在《人类学笔记》和《家庭、私有制和国家的起源》等著作中对减少环境污染的途径和方法进行了建设性的探索和研究。对这一马克思主义自然观的探讨，在当今人与自然矛盾加剧的时代，对中国走新型工业化之路、加速现代化建设，同时坚持可持续发展，都具有极强的现实意义。

当代人类社会面临的日益严重的环境问题，给世界范围的人类生产和人民生存、发展带来巨大的阻力与威胁。人们只注重自然界的物性、有用性，忽视了自然界在人化的历史中所积淀的社会性、人性、意义与美感，自然也就必然会带着敌视、无情、毁灭一切的冰冷面目与人对立。因此，我们必须为整个自然界的存在和发展承担起全部责任，必须反省自身的传统思维方式、生活方式和生产方式，以一种全面的态度对待自然界，以科学、道德、审美三者统一的尺度安排自然界，而不是片面强调对自然界的贪婪攫取、征服与破坏。我们要坚持科学发展观，走可持续发展之路，担当起重建人与自然和谐的崇高使命。

习近平强调不同文明之间的相互借鉴和吸纳。他在巴黎访问联合国教科文组织总部发表演讲时说："雨果说，世界上最宽阔的是海洋，比海洋更宽阔的是天空，比天空更宽阔的是人的胸怀。对待不同文明，我们需要比天空更宽阔的胸怀。文明如水，润物无声。我们应该推动不同文明相互尊重、和谐共处，让文明交流互鉴成为增进各国人民友谊的桥梁、推动人类社会进步的动力、维护世界和平的纽带。我们应该从不同文明中寻求智慧、汲取营养，为人们提供精神支撑和心灵慰藉，携手解决人类共同面临的各种挑战。"对于人类文明的先进思想，他还引用了法国军事家、政治家拿破仑·波拿巴（法语：Napoléon Bonaparte）的话强调指出："世上有两种力量：利剑和思想；从长而论，利剑总是败在思想手下。"中国对于生态文明这一人类无差别的思想，怀着平等之心和包容胸怀进行吸纳，用以丰富和不断发展治国理政的新思想。

习近平关于生态文明建设的思想，既源于传统的东方文化，又吸收了西方文化，是两者融合再创新的产物，既蕴含着中华传统文化中的哲学思想，又贯穿着马克思主义历史唯物主义和辩证唯物主义的哲学思维。

三、人类对现代工业社会发展实践的反思

前述各种自然观是人们在思考人与自然关系的问题时提出的。这些人与自然的关系问题，归根到底应该是人的问题，而不是自然的问题。环境的破坏与人类的传统文化有关，现有人类文化体系中的一些理念是建立在人与自然相矛盾的基础上的，人类无节制地向大自然索取，在征服大自然的过程中，建立了人类早期的农业文明和现代的工业文明。但事实证明，与自然相脱节的人类现代工业文明的发展，是不可持续的。各国学者纷纷开始对现代工业社会对人类赖以生存的自然生态环境的破坏和"改造"进行深刻反思。

美国学者弗·卡特（V.Carter）和汤姆·戴尔（T.Dale）从土壤的角度，研究土壤与人类文明之间的关系。他们的合著《表土与人类文明》在环境保护研究领域具有较大影响。书中说："文明越是灿烂，它持续存在的时间就越短。文明之所以会在孕育了这些文明的故乡衰落，主要是由于人们糟蹋或者毁坏了帮助人类发展文明的

环境。"[①] "人类最光辉的成就大多导致了奠定文明基础的自然资源的毁灭","文明人跨越过地球表面,在他们的足迹下留下一片沙漠"[②]。他们最后得出的结论是:所有文明衰败的地方,都是土地资源被过度利用的地方;人类几乎所有的战争,其实都是为了争夺资源。而人类几乎所有的环境灾难,都是资源争夺的必然后果。

从人类文明史上看,早期的农业文明都是产生于自然条件优越的江河流域。但是,随着人类活动的增加,滥垦滥牧,使土地越来越贫瘠,原有的生态环境遭到破坏,使这些地方有的现在已变成一片荒漠,有的文明早已消失或中断。如哈巴拉文明、古埃及文明、古希腊文明、巴比伦文明、复活节岛之谜等。

中国的罗布泊曾经是中国西北干旱地区最大的湖泊,湖面达12000平方公里,20世纪初仍达500平方公里。据记载,当年楼兰人在罗布泊边筑造了10多万平方米的楼兰古城,他们砍伐掉许多树木和芦苇,这无疑会对环境产生副作用,人类活动的加剧以及水系的变化和战争的破坏,使原本脆弱的生态环境进一步恶化。罗布泊逐渐干涸,曾经一度辉煌的楼兰古国在公元630年最终消失。中华文明

---

① [美]弗·卡特、汤姆·戴尔:《表土与人类文明》,庄崚、鱼姗玲译,陈淑华校,中国环境科学出版社1987年版,第5页。
② 同上,第10页。

　　举世闻名的楼兰古城，位于罗布泊西部，处于西域的枢纽，在古代丝绸之路上占有极为重要的地位。楼兰古国在公元前176年前建国，到公元630年却突然神秘地消失了，只留下了一片废墟静立在沙漠中，引发后人很多的遐想。

的摇篮——黄河流域也是因其生态良好孕育了延续几千年的中华文明，但是由于过早地开发，无节制地垦荒，使黄河上游生态遭到严重破坏，今天的黄河也出现季节性断流的现象。

　　近代以来，随着现代科学技术的发展，人们为了发展经济和创造财富，从技术和生产需要对待自然界，把自然界置于某种技术需要的目标上，把自然当作物质能量的供给者。比如空气被用来生产氮料，土地被用以生产石油、煤、矿石，矿石则可以被用来生产钢铁，更进一步，钢铁可以被用于生产坦克、机枪等杀人的工具。人类的技术活动似乎已经在征服自然的道路上越来越成功，自然也因此表现为一种可以被随意利用的东西。在现代技术的支配下，没有什么东西能够以自己的方式呈现出来，所有的事物都有被汇入一个巨大的以人类需要而被定制的网络系统，在这个系统中，它们存在的唯一意义就在于实现技术对事物的控制。

这种科学技术发展创造的工业文明给人类创造了巨大财富，当人类陶醉于征服自然的喜悦中时，接着而来的灾难给人类蒙上了阴影，如大气污染、水污染、森林破坏、土地沙漠化、臭氧层破坏、能源危机、人口爆炸、酸雨等。环境的日益破坏给人类带来了灾难。

20世纪以来，发生了一系列震惊世界的大气污染事件：

马斯河谷是比利时境内马斯河旁的一段河谷地段，中部低洼，两侧百米的高山对峙，河谷处于狭长的盆地之中。当时马斯河谷地区是比利时一个重要的工业区，许多重型工厂分布在这里，包括炼焦、炼钢、电力、玻璃、硫酸、化肥等工厂。虽然该工业区为比利时的经济发展作出了巨大贡献，但在20世纪30年代，比利时却发生了严重的大气环境污染事件——马斯河谷烟雾事件，这也是20世纪有记录以来最早的一次大气污染惨案。

1930年12月1日到15日，整个比利时被大雾笼罩。由于特殊的地理位置，马斯河谷上空出现了很强的逆温层，影响了空气对流，抑制了烟雾的升腾，这种现象使大气中的烟尘积存不散，造成大气污染。马斯河谷工业区内13个工厂排放的大量烟雾弥漫在河谷上空无法扩散，有害气体在大气层中越积越多。12月3日这一天的雾最大，加上工业区内人口稠密，整个河谷地区的居民有几千人生病。病人的症状表现为胸痛、咳嗽、呼吸困难等。一周内就有60多人死亡，其中以原先患有心脏病和肺病的人死亡率最高。许多家畜也因类似病症大量死亡。

在20世纪中叶，还出现了美国洛杉矶光化学烟雾事件。第二次世界大战爆发后，洛杉矶的飞机制造和军事工业迅速发展，很快成为美国第三大城市。随着工业发展和人口剧增，20世纪40年代初，洛杉矶就已有汽车250万辆，每天消耗汽油1600万升。由于汽车漏油、汽油挥发、不完全燃烧和汽车尾气，每天大量的废气向城市上空排放。而这些废气，在5月至10月的强烈阳光作用下，常会发生光化学反应，生成淡蓝色光化学烟雾。这种烟雾中含有臭氧、氧化氮、乙醛和其他氧化剂，滞留市区久久不散。

洛杉矶地处太平洋沿岸，只有西面临海，其他三面环山，再加上当地独特气候的作用，在洛杉矶上空形成强大的持久性的逆温层。这种逆温层使大气污染物不能上升到越过山脉的高度。就这样，洛杉矶的光化学烟雾因无法扩散，滞留在市区毒化了空气。尤其自1943年开始，每年的5月至10月间，该市经常出现烟雾几天不散的严重污染。许多居民出现眼睛痛、喉咙痛以及不同程度的头痛，此外还出现了家畜患病、农作物生长受影响等现象。在1952年12月的一次光化学烟雾事件中，洛杉矶市65岁以上的老人死亡400多人。1955年9月，由于大气污染和高温，短短两天之内，65岁以上的老人又死亡400余人，许多人出现眼睛痛、头痛、呼吸困难等症状。直到20世纪70年代，洛杉矶市还被称为"美国的烟雾城"。

英国伦敦早在中世纪时就开始出现煤烟污染大气的问题，当时英国国会还颁布过国会开会期间禁止工匠使用煤炭的法令。但自从工业革命开始后，由于工厂大多建在市内，居民家庭又大量烧煤取暖，煤烟排放量急剧增加，最终造就了著名的"雾都"。

1952年12月5日这天，伦敦处于死风的状态，当时的风速不超过每小时3公里，几乎是静止的。伦敦空气中积聚的大量烟尘经久不散，又因风力太弱无法被带走。于是，大量煤烟从空中飘落，城市迅速被烟雾笼罩。就这样，雾云在伦敦市上空悬浮了5天，空气中的烟雾量几乎增加了10倍。当时，伦敦正在举办一场牛展览会，参展的牛首先对烟雾产生了反应，350头牛中有52头严重中毒，14头奄奄一息，1头当场死亡。不久，伦敦市民也对毒雾产生了反应，许多人感到呼吸困难、眼睛刺痛，发生哮喘、咳嗽等呼吸道症状的病人明显增多，进而死亡率陡增。据记载，从12月5日到12月8日的4天里，伦敦市死亡人数达4000人。此外，肺炎、肺癌、流行性感冒等呼吸系统疾病的发病率也有显著增加。12月9日之后，由于天气变化，毒雾逐渐消散，但此后两个月内，又有近8000人死于呼吸系统疾病。

哲学家们往往是发现和揭示人类发展危险性和规律性的群体。早在19世纪中叶，美国思想家亨利·大卫·梭罗（Henry David Thoreau）就哀伤地发出这样的感慨：人类不仅彼此之间进行战争，他们也对自然界进行战争。他认为，"控制自然"论尽管在时间上远早于机械论的思维方式，但在逻辑和核心理念上与机械论思维方式有着惊人的一致性。

美国海洋生物学家蕾切尔·卡逊（Rachel Carson）曾指出："'控制自然'这个词是一个妄自尊大的想象产物，是当生物学和哲学还处于幼稚阶段时的产物，当时人们设想中的就是要大自然为人们的方便有利而存在。""现在是这样一个专家的时代，这些专家们只眼盯着他自己的问题，而不清楚套着这个小问题的大问题是否褊狭。现在又是一个工业统治的时代，在工业中，不惜代价去赚钱的权利难得受到谴责。"[①]在资本的逻辑中，一种产品，只要有需求的市场，只要物理化学上可行，人类就该毫不迟疑地把它实现出来。这样的例子随处可见，譬如，核武器在理论上是可行的，于

---

① ［美］蕾切尔·卡逊：《寂静的春天》，吕瑞兰、李长生译，京华出版社2000年版，第31页。

是人类就造出了足以毁灭地球数次的核武库；木材可以用来造纸，于是每年就有数百万亩的原始森林被砍伐用来造纸。自近代科学革命以来，这种极其片面的观念越来越普及，已发展成为人们的思维定式。在这样的技术方式下，人们的技术实践违反了自然过程的流动性、循环性、分散性、网络性，割裂了技术活动与自然生命的统一，干扰了自然过程的多种节律，破坏了生物圈整体的有机联系，使得自然过程难以用感官和经验去感知和体验。她的作品《寂静的春天》（*Silent Spring*）引发了美国以至于全世界对环境保护事业的关注。在人类的早期阶段，强调与自然的分离，彰显人摆脱了自然力的奴役，突出人能主动生活的能力，无疑是有进步意义的。但人类在后来的发展过程中没有深化自己与自然的关系，相反是简单化地把与自然的分离推向极端。人类已经为此付出了惨重的代价。

美国哲学家霍尔姆斯·罗尔斯顿（Holmes Ralston）是西方环境伦理学的代表人物，被誉为"环境伦理学之父"。他曾悲愤地指出："贬低自然的价值而抬高人类的价值无异于用假币做生意。这样的做法导致了一种机能失调的、独断的世界观。因为我们错读了我们的生命支撑系统，我们变得不适应这个世界。"把自己设想成独自生活于一个空荡荡的世界，并不能增加我们的高贵。他认为，"自然不能产生价值的教条实在是有害而无益，因为它将人类抛入意义虚无的深渊，抛入一场认同的危机，并使得现代生活的很多方面枯燥无味。"只有超越"控制自然"的传统观念，"认识到人类周围并不只是一堆客体，而是一群主体"，认识到自己是自然大家庭中最聪明的一员，而不是站在自然之外的天外来客，确认自然本身的内在价值，人类的行为才会有彻底的改变，与自然的和谐才可能真正实现。在传统观念看来，确认自然本身的内在价值，是把人降低到物的位置，因而是人类的耻辱。然而正如罗尔斯顿所言，"人类并非在一个毫无价值的自然舞台上演出附带或突现价值的戏剧。人类的舞台是孕育了人类的子宫，而且人类实际上永远也不会离开这个子宫"①。我们认为人类超越自己习惯了的观念，走出极端人类中心主义的泥潭，正如当年人类承认自己的祖先不是神而是古猿一样，不是使人类蒙辱而是更加彰显了人类的伟大。

德国哲学家马丁·海德格尔（Martin Heidegger）在1950年也以自己独特的方式批判了这种"分割"自然的思维方式。他指出现代技术的本质在于它的促逼特性，支配现代技术的这种促逼"向自然提出蛮横要求，要求自然提供本身能够被开采和贮藏的能量"②。所谓促逼，实际上是迫使事物进入非自然状态的展现。现代技术一直

① ［美］霍尔姆斯·罗尔斯顿：《哲学走向荒野》，刘耳、叶平译，吉林人民出版社2000年版，第196—198页。
② ［德］马丁·海德格尔：《海德格尔选集》（下册），孙周兴选编，生活·读书·新知上海三联书店1996年版，第932—933页。

在促逼自然，迫使事物进入非自然状态。例如对土地的促逼已使得过去的田野耕作变成了现行的食品工业。通过煤、石油、各种金属的开采这种形式的促逼，土地被展现为油田、煤区或矿山。

在19世纪70年代，恩格斯提醒世人注意控制自然思维方式的危险性。他说，"我们不要过分陶醉于我们人类对自然界的胜利。对于每一次这样的胜利，自然界都对我们进行了报复。每一次胜利，起初确实取得了我们预期的结果，但是往后和再往后却发生了完全不同的、出乎预料的影响，常常把最初的结果又消除了"①。他举出美索不达米亚、希腊、小亚细亚以及各地居民毁坏自然生态以求得发展反而招致了自然的报复，阿尔卑斯山的意大利人把山南坡的枞树砍光用尽却毁坏了高山畜牧业的根基等事例，之后告诫人们，"我们每走一步都要记住：我们统治自然界，决不像征服者统治异族人那样，决不是像站在自然界之外的人似的，——相反地，我们连同我们的肉、血和头脑都是属于自然界和存在于自然之中的；我们对自然界的全部统治力量，就在于我们比其他一切生物强，能够认识和正确运用自然规律"②。然而言者谆谆，听者藐藐，20世纪人

---

① ［德］恩格斯：《自然辩证法》（节选），《马克思恩格斯选集》第四卷，人民出版社1995年版，第383页。
② 同上，第383—384页。

类对环境的破坏不是减缓，而是仍然在加重。

国家环境保护部原领导在一次演讲中指出：我们往往对自己拥有的东西不大珍惜，失去的时候才感觉到它的珍贵。对我们所生存的地球家园的认识也是这样，对于蓝天白云、青山绿水，用之不觉，然而失之难存。从时间尺度上看，我们地球已经有几十亿年的历史了，人类的产生和发展大概有上百万年的历史，但是如果把地球的年龄看成24个小时的话，人类出现的时间大概只有一分钟的时间，工业革命以来的时间大概不足一秒。然而就是在这短短的一秒，人类极大地改变了几十亿年来地球的面貌，改变了人与自然的关系。今天人类的足迹，在地球上几乎无处不在。这个无处不在有它好的一面，也带来了很多负面的影响。比如有史以来，全球的森林已经减少了一半，而且每年还以近千万公顷的速度在消失，同时我们也看到，我们地球所存储的不可再生的煤炭、石油等自然资源被大规模消耗，有人预计全球石油和煤炭储量可供人类开采使用的时间分别剩下50年和200年。

同时，人类也用自己的智慧通过工业生产合成了1000多万种地球上原来没有的物质，这些物质进入自然环境中，其中有些是有毒有害的物质，威胁着我们的水、空气、土壤和生物安全。今天大家可以看到，我们都在关心、担忧一个问题，就是全球气候变化问题。气候变化所带来的影响越来越成为一个确定性的现实威胁。

从1990年以来，全球二氧化碳排放量增加超过50%，它带来两个影响，一个是气温的升高，另一个就是极端天气，比如说飓风、旱涝等极端天气事件越来越多。

另外一个全球性挑战的问题就是水资源问题。目前全球水资源短缺影响40%的人口，它已经成为一个全球性的问题，预计到2025年，这一比例将从40%增加到三分之二，生活在水资源绝对稀缺地

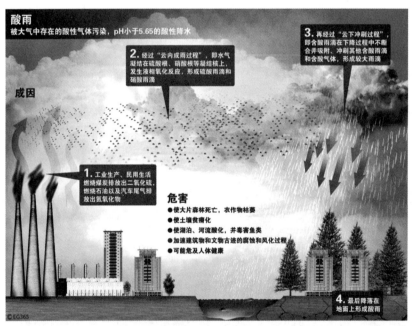

酸雨正式的名称为"酸性沉降"，它可分为"湿沉降"与"干沉降"两大类，前者指的是所有气状污染物或粒状污染物，随着雨、雪、雾或雹等降水形态而落到地面，后者则是指在不下雨的日子，从空中降下来的落尘所带的酸性物质。

区和国家的人口数量将达到18亿。还有水资源的污染问题，学术界现在已经开始讨论活性氮的污染问题。世界性的活性氮失衡问题，主要是由于施肥、化石能源燃烧、畜禽养殖等活动造成的，我们今天看到的雾霾、酸雨、土壤酸化、臭氧层消耗、水体富营养化等问题，都是跟活性氮失衡密切相关的。我们今天的地球可以说已经很难找到一块干净的土地，有的学者指出，"珠峰雪样中含汞含锰，大西洋底铅铬沉积，南极企鹅体内含苯，北极云雾在加浓变酸"，在这样的自然环境中，地球上每天有上百种生命灭绝……生命之网面临着巨大的人为灾难，地球人的生存已危如累卵。

人类自身对自然的认识从19世纪60年代开始出现热潮。那时候有两件事情发生，也可能是巧合。一件事情大家都熟知，就是人类进入了太空，第一次站在地球之外来遥望我们自己的家园。在看我们自己家园的时候，不仅感到了地球之美、地球的独特和伟大，也看到了自身的局限和渺小。几乎在同时，在全球兴起了环境保护运动，人类开启了全面重新审视反思人与自然之间关系的历程，开始关注自己创造的工业文明和赖以生存发展的自然环境之间，到底是不是一种可持续的、健康的关系。

从目前来看，人类的工业化进程充斥着各种不文明、不平等、不平衡、不和谐的问题。在20世纪，发达国家的现代化进程是怎么实现的呢？是全世界15%的人口消费了全世界56%的石油、60%以上的天然气和50%以上的重要矿产资源。在这个过程之中，不平衡不仅仅是区域的不平衡、人和人之间的不平衡，而且向自然环境排放大量的污染物，占有了地球非常有限的环境容量。发达国家通过对外扩张，向后发展的国家转移污染的企业和技术，在他们解决自身环境问题的同时，事实上也在输出污染。最明显的例子就是，全球的重化工产业是有一个全球转移进程的。在这个过程之中，从英国转移到德国，再到北美大陆，再到日韩，污染也随着同样的轨迹在迁移。

尽管经济在发展、技术在进步，但是在人类的工业化进程之中，人类的生产方式和生活方式并没有发生根本的变化。高投入、高消耗、高排放的传统现代化模式，给地球带来了资源短缺、环境污染和生态破坏，引发了人与自然之间愈来愈尖锐的矛盾冲突。大家都熟知，20世纪发达国家相继发生的前述环境公害事件，教训极其深刻。在20世纪70年代，就有科学家指出，如果地球上每个人都享受与北美同样的生活标准，按照当时的技术水平，大概需要三个地球来满足总的物质需求。2012年，世界自然基金会发布了一个《地球生命力报告》。这个报告有个计算，结果就是地球已经严重超载，如果再不重视并合理应对，最快到2030年，人类将需要有两个地球才能满足自身的需要。

人类的行为之所以离自然界越来越远，使人与自然之间的关系由矛盾走向冲突，根源是指导人类行为的道德准则发生了变化，因而拯救环境必须从观念上进行一场革命，对近代工业文化的道德观念进行批判，建立现代生态文明的思维体系。

四、中国经济社会发展"五位一体"的总体布局

2012年，中共十八大提出，要"把生态文明建设放在突出地位，融入经济建设、政治建设、文化建设、社会建设各方面和全过程"。2017年，中共十九大强调，要"牢固树立社会主义生态文明观，推动形成人与自然和谐发展现代化建设新格局"。习近平反复强调，要统筹推进经济建设、政治建设、文化建设、社会建设、生态文明建设"五位一体"的总体布局，为保护生态环境作出我们这代人的努力。中国共产党作为国家政权的执政党，治国理政的价值取向和大政方针直接决定了国家的政策走向。

"布局"一词源自中国棋类术语，是指棋局一开始，双方抢占要点，布置阵势，准备进入中盘战斗，是在棋局开盘时进行整体规划、战略部署的重要阶段。布局是否合理，对棋局中盘乃至整个博弈过程的走势都会产生重大影响。中国经济社会发展"五位一体"的总体布局是中国共产党从中国特色社会主义建设事业全局出发，

依据时代变化和国情发展的要求，对推动社会全面进步作出的宏观战略部署，是中国现代化建设战略规划这盘大棋的起点，关系着中国特色社会主义事业的发展方向和前途命运。

中共十八大第一次把"生态文明建设"纳入国家发展的总体布局，使生态文明建设的战略地位更加突出，共同服务于"富强、民主、文明、和谐"的国家现代化奋斗目标。中共十九大则提出了从2020年到2035年，在全面建成小康社会的基础上，再奋斗十五年，基本实现社会主义现代化。到那时，生态环境根本好转，美丽中国目标基本实现。这不仅是对社会主义初级阶段基本纲领的补充和完善，而且是对中国特色社会主义事业总体布局的新丰富、新拓展。这是国家发展理念的重大变化，强调以科学发展为主题，适应国内外经济形势新变化，加快转变和形成新的经济发展方式，废除传统的依靠资源消耗的经济发展方式，采用资源节约、循环利用的新经济发展方式来有效克服传统工业现代化经济发展方式的局限，把推动发展的立足点转到提高质量和效益上来，更多依靠节约资源和循环经济推动。既可以实现经济发展，同时也实现环境保护，以最小的代价对人与自然的物质变换进行合理的调整与控制。

中共十八大至十九大，在"五位一体"的总体布局指引下，生态文明建设一系列法律、制度、意见、举措不断出台，法律规范的"四梁八柱"已经搭建完成，制度执行已经初步取得了成效。生态文明建设成为中国特色社会主义建设的一部分，成为中国全党和全国人民未来的奋斗目标。在实现中华民族伟大复兴奠定坚实的物质基础的道路上，同时创造生态良好的发展环境，建成惠及近十四亿人的生态良好的全面小康社会，这是对人类文明的巨大贡献。

第二章　中国生态文明建设的新理念

——"为子孙后代留下可持续发展的'绿色银行'"

生态文明建设作为中国经济社会发展的总体布局中新增的重要部分，将会对中国的发展产生根本性影响。习近平强调，"走向生态文明新时代，建设美丽中国，是实现中华民族伟大复兴的中国梦的重要内容"，提出"绿水青山就是金山银山""山水林田湖草是一个生命共同体""要像保护眼睛一样保护生态环境，像对待生命一样对待生态环境""为子孙后代留下可持续发展的'绿色银行'"等一系列新思想、新观点、新要求，形成了中国生态文明建设的崭新理念。当代人必须留给后代人生存和发展必要的环境资源和自然资源，实现当代人和后代人在利用自然资源、满足自身利益、谋求生存与发展上权利均等，实现中华民族的永续发展。

一、绿水青山就是金山银山

习近平主政浙江省时，较早地遇到了保护生态环境与加快经济发展之间的尖锐矛盾和激烈冲突。他要求浙江率先进行破解"先污染后治理"传统发展模式的实践探索，针对当地经济社会发展出现的现实问题提出了绿水青山的观点，为"绿水青山就是金山银山"发展思想提供了现实例证。时任浙江省委书记的习近平在安吉县余村考察时提出："我们过去讲既要绿水青山，也要金山银山，其实绿水青山就是金山银山。"他说，我们在处理生态环境与经济发展的关系上，经过了几个阶段：一是传统的工业化道路，用绿水青山去换金山银山；二是经济发展和生态环境兼顾，既要金山银山，也要绿水青山；三是生态环境本身就是最可宝贵的财富，绿水青山就是金山银山。这几个阶段的理念不同，反映了人类发展理念和价值取向从单纯经济观点、经济优先，到经济发展与生态保护并重，再到生态价值优先、生态环境保护成为经济发展内在变量的变化轨迹，标志着发展理念的深刻变革、价值取向的深度调整、发展模式的根本转换，是人与自然关系不断调整、趋向和谐的过程。这体现了经济发展与环境保护的统一，体现了中国发展理念和发展方式的重大变革，是习近平生态文明建设理论的核心思想、标志性观点和代表性论断，是习近平治国理政思想的重要组成部分。他反复强调，我们"要坚定不移地走这条路"。

"既要绿水青山，也要金山银山"的理念继承和发展了马克思主义生态观和生产力理论，蕴含了人类的创造活动服务于人类自身长远生存和发展，建立一个没有异化劳动、没有异化人与自然关系的人类社会的重要思想。同时，它也蕴含和弘扬了天人合一、道法自然的中华民族传统智慧，在分析"矛盾"中看到"统一"之法，在解决"对立"中找到"转化"之机，在超越"两难"困境中找到"双赢"之道，找到了实现科学发展、可持续发展、包容性发展的现实途径。习近平在各地的考察中说，生态环境保护是功在当代、利在千秋的事业。我们在生态环境方面欠账太多了，如果不从现在起就把这项工作紧紧抓起来，将来会付出更大的代价。任何再以绿水青山去换取金山银山的做法，都是不被允许的，也是不能原谅的。

习近平认为，生态环境和可持续发展能力已成为一个国家和地区综合竞争力的重要组成部分。现代经济社会的发展，对生态环境的依赖度越来越高，生态环境越好，对生产要素的吸引力、集聚力就越强。保护生态环境就是保护生产力，改善生态环境就是发展生产力。同时，"绿水青山就是金山银山"又立足中国社会主义初级阶段的现实，提出了生态优势向经济优势的转化论的观点。

2012年习近平就任中共中央总书记，巩固和发展了这种执政理念，使"既要绿水青山，也要金山银山"成为全国范围的生态文明建设的中国共产党治国理政的新理念和国家发展的新理念。习近平指出，绿水青山可带来金山银山，但金山银山却买不到绿水青山。

2016年9月24日，"全球十大最美梯田"之一的江西遂川县左安镇桃源村高山梯田就像舞动的金黄色飘带，和绿水青山相映成趣，融成了秋日里一幅最美丽的田园画卷。

如果能够把生态环境优势转化为生态农业、生态工业、生态旅游等生态经济优势，那么绿水青山也就变成了金山银山。

"环境就是民生，青山就是美丽，蓝天也是幸福。"习近平在2015年参加全国人民代表大会三次会议江西代表团审议时说。他认为，人们过去求生存，现在求生态；过去盼温饱，现在盼环保；小康全面不全面，生态环境质量是关键。习近平把生态纳入民生范畴，彰显了心系群众、为民造福的情怀，秉持了尊重生态法则的大逻辑，坚定回应了人民群众对美好生活的期盼，是对现代工业社会发展理念的升华，是中国迈向生态文明新时代的重要理论遵循和实践指南。

二、良好生态环境是最公平的公共产品

2013年4月，习近平在海南省考察时说：作为人类生存和发展的物质基础，良好生态环境包括蓝天白云、青山绿水、清新空气、清洁水源，是最公平的公共产品，是最普惠的民生福祉。不分社会地位，不分国籍种族，男女老少皆能平等享用。每个人都可以从良好的生态环境中受益，同时不排除他人从中受益，可以做到共同消费、共同享用。因而，良好生态环境具有公共产品的属性，属于公共产品。2014年，亚太经合组织第22次领导人非正式会议在北京举办，习近平在会议致辞中说："我希望北京乃至全中国都能够蓝天常在，青山常在，绿水常在，让孩子们都生活在良好的生态环境之中，这也是中国梦中很重要的内容。"良好的生态环境，是最公平的公共产品，是最普惠的民生福祉。公共产品包括涉及全体国民或大多数国民切身利益的基础设施、公共服务体系。有学者认为，生态环境中清洁的大气每个人都需要呼吸，清洁的淡水每个人都需要饮用，不受污染的土壤更是生产粮食的最基本条件，所以生态环境作为一种特殊的公共产品比其他任何公共产品都更重要。

中国政府意识到这种公共产品的极端重要性，建设良好生态环境是一项巨大的基础性工程，具有投入多、规模大、周期长等特点。良好的生态环境是公共产品。它既强调了治理结果的重要性，也强调了治理过程的主体责任，因而生态文明建设的责任者也应多元化。政府作为公共服务和公共产品的提供者，具有良好生态环境建设的责任。因而，政府是重要的建设主体。生态环境供给的受益者不只是个人，而是全社会，具有非竞争性和非排他性，不是由个别生产者和消费者的交易来提供，不能通过市场机制自动调节，但破坏环境却会阻碍国家和社会的可持续发展。因此，良好生态环境的建设至关重要，应该由政府主要承担。

良好生态环境建设强调经济发展和人与自然的和谐发展，生态环境问题也是社会问题。企业是一个国家和地区保持或破坏生态环境的直接参与者，具有普遍的社会责任。因而作为社会的主体，企业是组织社会生产活动的细胞，应该自觉承担起环境责任，积极投入到建设良好生态环境的行动中。

生态环境问题显示的是人与自然之间的紧张关系，解决这一问题需要社会中每个人共同参与。因此，个人也应为良好生态环境的建设付出努力，个人是建设良好生态环境的积极主体。一些个人结成民间环保组织，开展环保宣传和教育，投身环保活动，举报破坏生态文明的行为，在一定程度上弥补了政府和企业的行动缺陷，促进了良好生态环境的建设。

良好生态环境建设的过程就是公共产品生产的过程，其建设主体是多元化的，应当建立政府主导、企业作为自律的主体、全体公民共同参与、民间环保组织积极协助的多元化运作机制。

建设良好生态环境已经形成全球共识，需要全社会共同合作。国务院总理李克强在致生态文明贵阳国际论坛2014年年会的贺信中明确指出，"人类只有一个地球，保护生态环境、促进绿色发展

2014年7月11日，生态文明贵阳国际论坛2014年年会开幕式在贵阳举行，各国领导人及代表出席会议。

是各国利益的汇合点"。"中国把生态文明建设放在国家现代化建设更加突出的位置，坚持在发展中保护、在保护中发展，健全生态文明体制机制，下大力气防治空气雾霾和水、土壤污染，推进能源资源生产和消费方式变革，继续实施重大生态工程，把良好生态环境作为公共产品向全民提供，努力建设一个生态文明的现代化中国。"中国政府在这种执政理念的指引下，正在全面进行污染治理，力度之大前所未有。《2012年中国人权事业的进展》白皮书提出，保障和提高公民享有清洁生活环境及良好生态环境的权益。这说明公平享受良好生态环境已经成为中国人民的一项基本权益。

三、不以GDP论英雄

GDP（Gross Domestic Product）的意思是国内生产总值，指一个国家或者地区所有常驻单位在一定时期内生产的所有最终产品和劳务的市场价值。GDP是当前各国和地区广泛应用的国民经济核算的核心指标，也是衡量一个国家或地区总体经济状况的重要指标。

客观地看，GDP作为反映一个国家或地区经济增长状况、经济规模、人均经济发展水平、经济结构及价格总水平变化的一个基础性指标，对于经济社会发展的确有其重要意义，它是反映国民经济发展变化情况和综合国力的重要工具，是制定国家经济发展战略和宏观经济政策的重要依据，也是衡量一个国家在国际社会承担义务多少、发挥作用大小的重要参考。但人们逐渐发现GDP并不是万能的，它无法反映出自然资源消耗生态环境破坏带来的损失，往往带来"外部不经济"现象，造成一方面是GDP不断增长，一方面是环境污染不断加剧，对人民的生活质量和可持续发展造成严重影响。因此，它也就无法全面地反映经济发展和社会进步，更不能体现对人民群众福祉的重视。这个指标虽然在一定时期和一定程度上发挥着重要作用，但仅仅追求GDP提高，一味追求向自然界索取，忘却了我们生存的自然环境的承载能力，体现的是"控制自然"的发展哲学，这样的单方面追求的经济增长是不可持续的。

对GDP指标的争议，学术界早已有之。德国学者厄恩斯特·冯·魏茨察克（Ernst von Weizsacker）等在《四倍跃进——一半的资源消耗创造双倍的财富》一书里讲述了一个关于GDP的故事。"乡间小路上，两辆汽车静静地驶过。一切平安无事，它们对GDP的贡献几乎为零。但是，其中一个司机由于疏忽突然将车开向路的另一侧，连同到达的第三辆汽车，造成了一起恶性交通事故。'好极了。'GDP说，因为随之而来的是救护车、医生、护士、意外事故服务中心、汽车修理或买新车、法律诉讼、亲属探视伤者、损失赔偿、保险代理、新闻报道、整理行道树等，所有这些，都被看作是正式的职业行为，都是有偿服务。即使任何参与方都没有因此提高生活水平，甚至有些人还蒙受了巨大损失，但我们的'财富'——所谓的GDP却在增加。总之，资源浪费、环境污染对GDP都是正的效应。"这个故事说明，以

GDP数据来衡量一个社会是否进步及进步的快慢具有很强的片面性。这个指标不但没有考虑到环境、生态、健康等社会发展的因素，而且也没有考虑到失业率、犯罪率、社会治理成本等对社会的其他负面影响。

关于如何正确衡量国家和社会发展状况的指标，国际上不少学者和研究机构进行了多年研究和探讨，从20世纪70年代以来，基于对GDP存在各种缺陷的认识，不断有学者和机构提出了正确衡量发展状况的新指标。比如，1972年美国学者詹姆斯·托宾（James Tobin）和威廉·诺德豪斯（William Nordhaus）共同提出"净经济福利指标"。1989年以美国学者罗伯特·卢佩托（Robert Repetoo）为首的研究人员提出"国内生产净值"（Net Domestic Product，NDP）及美国经济学家戴利（Herman E.Daly）与科布（John B. Cobb Jr.）共同提出的"可持续经济福利指数"。1990年联合国开发计划署提出"人类发展指数"等。这些指数均主张从社会进步的观点出发，反对以GDP作为国家最终追求的目标。1995年联合国环境署提出了"可持续发展指数"，以此来衡量一个国家或地区的可持续发展指标的状况。尽管目前对GDP指标的科学性存在广泛争议，但世界主要国家仍普遍习惯以GDP作为衡量一国经济发展情况的主要指标。

2012年中共中央在中南海召开党外人士座谈会，习近平在会上指出，"增长必须是实实在在和没有水分的增长，是有效益、有质量、可持续的增长"。2013年10月7日，习近平在APEC工商领导人峰会发表演讲时指出，"中国不再简单以GDP增长率论英雄，而是强调以提高经济增长质量和效益为立足点"。

从1978年中国开始改革开放以来，中国经济几乎保持了40年的两位数高速增长，目前中国的经济总量已经处于世界第二位。但经济发展总体质量不强，高消耗、高污染、低技术含量、低附加值的状况仍然存在。这种发展状况，首先需要付出环境污染和大量消耗资源的代价，同时，由于部分产业供过于求矛盾日益凸显，特别是钢铁、水泥、电解铝等高消耗、高排放等传统制造业产能过剩的矛盾尤为突出，产能严重过剩越来越成为中国经济运行中的突出矛盾和诸多问题的根源。这已引起国家的忧虑。不改变经济发展方式，中国的经济很难实现长期健康持续发展。中国的产能严重过剩主要受发展阶段、发展理念等因素的影响。基于这些在发展中出现的现实问题，习近平在中共十八大之后提出了中国经济发展新常态的理念，必须摒弃一味追求GDP的发展理念，主动转变发展方式、调整经济结构，重点发展高技术含量、高附加值、低消耗、低污染的产业和产品，实现"没有水分的发展"，实现所谓经济新常态。

这个"新常态"有以下几个主要特点：一是从高速增长转为

中高速增长，即便实现7%左右的增长速度，在全球也是名列前茅。二是经济结构不断优化升级，使第三产业消费需求逐步成为主体，城乡区域差距逐步缩小，居民收入占比上升，发展成果惠及更广大民众。三是从要素驱动、投资驱动转向创新驱动，实现由以往主要依赖资源高消耗和投资高投入的粗放型发展，向主要依靠科技进步的集约型发展转变。在"经济新常态"下，中国经济增速虽然放缓，实际增量依然可观；中国经济增长更趋平稳，增长动力更为多元；中国经济结构优化升级，发展前景更加稳定。高新技术产业和装备制造业增速明显高于工业平均增速。据政府公布的数据显示，中国经济结构正在发生深刻变化，质量更好，结构更优。在新常态下，中国政府大力简政放权，市场活力进一步释放。简言之，就是要放开市场这只"看不见的手"，用好政府这只"看得见的手"。

习近平在其他不同场合也强调，"在宏观经济政策选择上，我们坚定不移推进经济结构调整，推进中国经济转型升级，宁可主动将增长速度降下来一些，也要从根本上解决经济长远发展问题。因此，这样的增长速度是良性调整的结果。经济增长速度再快一些，非不能也，而不为也"。也就是说，中国的经济发展速度不是遇到了瓶颈而不能持续高速发展，而是中国主动进行经济结构调整，进行优化布局，使经济发展更加有后劲和持续性，更加注重民生和生态资源的保护。

据中国经营网发布的信息，截至2017年7月，本年度全国共退出钢铁产能3170万吨，完成年度任务的63.4%；共退出煤炭产能6897万吨，完成年度任务的46%。2016年，中国分别压减了6500万吨和2.9亿吨以上的落后过剩钢铁和煤炭产能。

习近平提出的"不简单以GDP增长率论英雄"的本质，是强调以人为本的发展、全面协调发展和可持续发展的思想。首先，"不简单以GDP增长率论英雄"要求"更加重视劳动就业、居民收入、社会保障、人民健康状况"，体现了以人为本的理念。其次，"不简单以GDP增长率论英雄"要求既考核经济发展，也考核生态效益，"既看发展又看基础，既看显绩又看潜绩，把民生改善、社会进步、生态效益等指标和实绩作为重要考核内容"，体现了中国共产党执政为民的发展观。"不简单以GDP增长率论英雄"要求加大生态效益等评价指标的权重，强调资源节约和环境保护的重要性；同时也要求加大产能过剩、新增债务等评价指标的权重，强调考核"解决自身发展中突出矛盾和问题的成效"，体现了全面、协调和可持续的科学发展观。

习近平强调"不简单以GDP增长率论英雄"的关键，还是在于全面深化改革。从改革的出发点看，发展本身不是目的，GDP增长本身更不是目的，而是为了不断满足中国人民群众日益增长的物质文化需要。习近平指出，"推进任何一项重大改革，都要站在人民立场上把握和处理好涉及改革的重大问题，都要从人民利益出发谋划改革思路、制定改革举措"，要"努力完善发展成果考核评价体系，加大其他评价指标的权重"。经济考核思想落到实处，就需要"加快建立国家统一的经济核算制度，编制全国和地方资产负债表"，同时需要加强其他方面的配套改革，比如，加强生态文明制度建设，改革生态环境保护管理体制，"及时公布环境信息，健全举报制度，加强社会监督"，确保新的考核评价体系的可操作性。

四、建设"美丽中国"

中国共产党第十八次全国代表大会报告庄严承诺:中国"建设生态文明,是关系人民福祉、关乎民族未来的长远大计。面对资源约束趋紧、环境污染严重、生态系统退化的严峻形势,必须树立尊重自然、顺应自然、保护自然的生态文明理念,把生态文明建设放在突出地位,融入经济建设、政治建设、文化建设、社会建设各方面和全过程,努力建设美丽中国,实现中华民族永续发展"。中共十八大报告明确提出了"美丽中国"的战略思想,这是深刻总结古今中外国家发展的经验教训,深化生态文明发展理念的一个新思想。

2017年中共十九大进而提出,坚持和发展中国特色社会主义的总任务是实现社会主义现代化和中华民族伟大复兴,在全面建成小康社会的基础上,分两步走在本世纪中叶建成富强民主文明和谐美丽的社会主义现代化强国。其中"美丽"的宏伟目标,就是中国生态文明建设的衡量标准。

习近平提出，实现中华民族伟大复兴，就是中华民族近代以来最伟大的梦想。这个梦想凝聚了几代中国人的夙愿，体现了中华民族和中国人民的整体利益，是每一个中华儿女的共同期盼。而实现生态良好的美丽中国，是全国人民对中国生态文明建设成就的梦想。习近平说，中国要走向生态文明的新时代，"建设美丽中国，是实现中华民族伟大复兴的中国梦的重要内容。中国将按照尊重自然、顺应自然、保护自然的理念，贯彻节约资源和保护环境的基本国策，更加自觉地推动绿色发展、循环发展、低碳发展，把生态文明建设融入经济建设、政治建设、文化建设、社会建设各方面和全过程，形成节约资源、保护环境的空间格局、产业结构、生产方式、生活方式，为子孙后代留下天蓝、地绿、水清的生产生活环境"。从改善民生的意义上着重强调为人民创造良好的生存和发展环境，提出"美丽中国"的概念，更是体现了生态文明建设的价值取向，即打造满足人的生活和生存需求的良好生态环境。同时，"美丽中国"的内涵又不仅仅是一种优美宜居的自然生存环境，更是完美的自然环境和社会环境的结合，是一个以生态文明建设为依托，实现经济繁荣、政治清明、文化先进、社会和谐及人民幸福的全面协同发展的社会状态。

建设"美丽中国"战略构想的提出，凸显了不断促进人与自然、人与自身和解，最终实现人与自然和谐共处的生态文明理念。其中特别是突出强调着力构建以人的发展为核心的生态环境，进一步弘扬了马克思主义生态思想的人本精神，为推进马克思主义生态思想在当代中国的理论发展和实践创新，作出了重大的理论贡献。

五、环境治理是一个系统工程

    习近平是从基层干部做起的，深刻了解只有每个地区实现发展才能取得整个国家发展，深刻了解阻碍地方发展的症结，也深刻了解一个地区经济发展和生态文明建设形成良好的互动关系对于一个地区乃至整个国家实现可持续发展所具有的深刻战略意义。20世纪80年代，宁德市属于福建省东部贫困山区，资源匮乏。习近平在此任职时，为改变闽东地区贫困落后的面貌，立足闽东地区主要靠农业吃饭、存在沿海与山区并存的环境形态的实际，因地制宜提出"靠山吃山唱山歌，靠海吃海念海经"的理念。他强调既要稳住粮食生产，解决人民的吃饭问题，摆脱贫穷落后，又要和当地的自然条件、客观生态实际相结合，靠山、靠海、靠田一起抓，农、林、牧、副、渔全面发展。他带领当地政府积极探索，在闽东走出一条发展大农业的路子，推动农业的多层次、深层次开发。他提出要把眼光放得远些，思路打得广些，开发利用一些宜农、宜林、宜渔的新资源，以适应人口增长和社会经济发展的需要；鼓励地方开创"绿色工程"，依托荒山、荒坡、荒地、荒滩，发展开发性立体种植业，实行集约经营，专业协作；在深层次开发上，改造中低产田、改善和加强农田水利建设、加强水土保持工作、提高土地生产率等。

习近平注重发展经济的同时也注重保持良好的生态环境，他认为保护好自然环境也是闽东脱贫致富的主要途径，把保护和开发自然资源作为振兴闽东经济的一个战略问题。他经常引用群众的话，"什么时候闽东的山都绿了，什么时候闽东就富裕了"。他大刀阔斧地开展林业管理体制改革，完善林业责任制，对现有的林场加强管护，严禁盲目采伐；健全林业经营机制，转变单一经营，实行综合开发，转变粗放作业，开发集约经营等，提高林业综合效益。同时，他广泛动员全社会力量大办林业，把林业发展同粮食生产、出口创汇、脱贫致富紧密地结合起来；充分调动各方面积极性，大力开展造林工程，实现良性循环，增强林业自我发展能力。这种在生态文明建设指引下的系统发展思想，为宁德市利用现有资源脱贫致富积累下了宝贵的经验。

习近平这些在地方工作的实践经验，对于其作为国家元首形成面对现实的治国理政思想有很大裨益。他提出，环境治理是一项系统工程，资源开发不是单一的，而是综合的，不是单纯讲经济效益的，而是要达到社会、经济、生态三者效益的协调。在资源开发中，习近平特别重视科技的作用，多次提出要科技兴农，依靠科技的力量来开发、利用原来不能利用的资源，或者使现有的资源利用得以延伸等。习近平关于资源开发的论述，着眼于自然系统的良性循环和动态平衡，反对人与自然关系上的一味掠夺、征服的功利主义，强调尊重和顺应自然规律，实现人类生产和消费活动与自然生态系统协调可持续发展。

2015年新年，习近平在云南省考察工作时，专程来到大理市湾桥镇古生村，详细了解洱海湿地生态保护情况。在碧波荡漾的洱海边，习近平与云南省委和政府负责人合影后说："立此存照，过几年再来，希望水更干净清澈。"他叮嘱，一定要把洱海保护好，让"苍山不墨千秋画，洱海无弦万古

洱海是云南省第二大高原湖泊，是大理人的"母亲湖"。但是长期污染导致湖水富营养化，洱海于1996年和2003年两次大规模暴发蓝藻。近几年，大理市对洱海进行综合、全面、系统的科学治理，洱海成为目前保护较好的城市近郊湖泊之一。

琴"的自然美景永驻人间。

习近平认为加强生态文明建设具有系统性，还体现在它同经济建设、政治建设、文化建设和社会建设的一致和协调；强调要把生态环境保护放在更加突出位置，像保护眼睛一样保护生态环境，像对待生命一样对待生态环境，在生态环境保护上一定要算大账、算长远账、算整体账、算综合账，不能因小失大、顾此失彼、寅吃卯粮、急功近利。生态环境保护是一个长期任务，要久久为功。建设一个美丽富强的中国，实现中华民族永续发展，是习近平心中的梦想和力量之源。这力量根植于生生不息的中华文明。尊重自然、顺应自然、保护自然，是习近平对中国优秀传统文化中和谐平衡思想的深刻理解。

中国在施政过程中还接受和发展了一些学者提出的同一代人和后代子孙关于自然资源的"两个公平"（代内公平和代际公平）理念。在保护风景资源、自然和历史资源、野生动物资源原貌，并在保证子孙后代能够不受损害地欣赏上述资源的前提下，提供当代人欣赏上述资源的机会。既为全社会又为后代开放且严格保护其原真性的共同意志，在自然生态环境系统和自然资源保护的法律中明确提出"保证子孙后代不受影响"和"提供当代人享用自然生态环境系统功能价值的机会"，不仅是为了保护自然资源，而且是为了实现代内公平和代际公平。

生态文明建设作为一种理念和思想，在人类文明的发展过程中，一直备受重视和关注，古今中外蕴含着生态文明的思想理论浩如烟海，对多种生态文明理论的特点和价值立场进行吸纳借鉴，为中国将生态文明建设融入"五位一体"总体布局提供了生态哲学的理论基础和现实指导。同时，这些理念和实践经验也告诫我们，无论是考察自然事件还是探索现实事件，都要兼顾人的角度和自然的角度，强调人与自然的和谐统一。实现中华民族伟大复兴的中国梦、实现美丽中国梦，必须立足中国实际国情，在"五位一体"的总体布局下推进和深化中国的生态文明建设，下好这盘关乎中国和世界前途命运的发展大棋。

第三章　健全生态保护与治理的制度体系
——"完善经济社会发展考核评价体系"

生态文明建设是一项庞大的系统工程，从保护生态环境到实现生态文明，必须构建系统完备、科学规范、运行高效的制度体系，用制度推进建设、规范行为、落实目标、惩罚问责，使制度成为保障生态文明持续健康发展的重要条件。

中共十八大提出推进生态文明建设的目标任务，十八届三中全会提出生态文明体制改革的主要任务，四中全会提出生态文明建设任务、改革任务、法律任务，把生态文明建设的制度体系纳入全面依法治国的重要内容，2015 年印发《中共中央　国务院关于加快推进生态文明建设的意见》。中共十九大提出，加快建立绿色生产和消费的法律制度和政策导向，建立健全绿色低碳循环发展的经济体系。近年来先后出台了新《环保法》及其他政府性法规、规划、方案等，形成了一整套环境保护与治理的制度体系。

一、国家自然资源资产管理体制

自然资源资产产权制度中的产权是指主体对于财产拥有法定关系并由此获得利益的权利，包括所有权、支配权、收益权等。中国实行自然资源的公有制，包括两个层面：一是自然资源的全民所有，二是土地的集体所有制度。全民所有自然资源是宪法和法律规定属于国家所有的各类自然资源，主要包括国有土地资源、水资源、矿产资源、国有森林资源、国有草原资源、海域海岛资源等。土地所有权属于集体的自然资源是由符合法律规定的农村集体经济组织的农民集体为所有权人的自然资源。但是长久以来，由于这些资源的公有制的性质，没有哪个人自觉对这些自然资源进行保护，破坏反而较为严重，这种现状必须得到改变。健全自然资源资产的产权制度就需要明确归集体所有的土地所享有的受法律限制的支配性权利；健全国家自然资源的资源管理制度是为了使自然资源具有明确的主人，由他获得使用这些资源的利益，同时也承担起保护资源的责任。

2016年12月5日，习近平主持的中共中央全面深化改革领导小组第三十次会议，通过了《关于健全国家自然资源资产管理体制试点方案》，会议提出要健全国家自然资源资产管理体制，按照所有者和管理者分开和一件事由一个部门管理的原则，将所有者职责从自然资源管理部门分离出来，集中统一行使，负责各类全民所有自然资源资产的管理和保护。坚持资源公有和精简统一效能的原则，重点在整合全民所有自然资源资产所有者职责，探索中央、地方分级代理行使资产所有权；在整合设置国有自然资源资产管理机构等方面积极探索尝试，形成可复制可推广的管理模式。

2017年中共十九大提出："加强对生态文明建设的总体设计和组织领导，设立国有自然资源资产管理和自然生态监管机构，完善生态环境管理制度，统一行使全民所有自然资源资产所有者职责，统一行使所有国土空间用途管制和生态保护修复职责，统一行使监管城乡各类污染排放和行政执法职责。"设立专门的监管机构，是切实推进自然资源资产管理的重要步骤。2017年年初，中共中央办公厅、国务院办公厅先后印发《东北虎豹国家公园体制试点方案》《关于健全国家自然资源资产管理体制试点方案》，明确东北虎豹国家公园试点区域全民所有自然资源资产所有权由国务院直接行使，试点期间，具体委托国家林业局代行。

为落实统筹推进"五位一体"总体布局和协调推进"四个全面"战略布局，贯彻落实创新、协调、绿色、开放、共享的发展理念，2016年12月29日国务院通过了《国务院关于全民所有自然资源资产有偿使用制度改革的指导意见》（以下简称《指导意见》）。该《指导意见》坚持了发挥市场配置资源的决定性作用和更好发挥政府作用，以保护优先、合理利用、维护权益和解决问题为导向，以依法管理、用途管制为前提，以明晰产权、丰富权能为基础，以市场配置、完善规则为重点，以开展试点、健全法制为路径，以创新方式、加强监管为保障，加快建立健全全民所有自然资源资产有偿使用制度，努力提升自然资源保护和合理利用水平，切实维护国家所有者权益，为建设美丽中国提供重要制度保障。

该《指导意见》秉持尊重自然、顺应自然、保护自然的理念，提出了"保护优先、合理利用，两权分离、扩权赋能，市场配置、完善规则，明确权责、分级行使，创新方式、强化监管"等五个基本原则。坚持保护和发展相统一，在发展中保护，在保护中发展。适应当代中国经济社会发展多元化需求和自然资源资产多用途的属性，在坚持全民所有制的前提下，创新全民所有自然资源资产所有权实现形式，推动所有权和使用权分离，完善全民所有自然资源资产使用权体系，丰富自然资源资产使用权权利类型。提出了扩大使用权的出让、转让、出租、担保、入股等权能，以夯实全民所有自然资源资产有偿使用的权利基础。

该《指导意见》还充分体现了中共十八届三中全会审议通过的《中共中央关于全面深化改革若干重大问题的决定》提出的一个重大理论观点——使市场在资源配置中起决定性作用。提出了按照公开、公平、公正和竞争择优的要求，明确全民所有自然资源资产有偿使用准入条件、方式和程序，鼓励竞争性出让，规范协议出让，支持探索多样化有偿使用方式，推动将全民所有自然资源资产有偿使用逐步纳入统一的公共资源交易平台，完善全民所有自然资源资产价格评估方法和管理制度，构建完善价格形成机制，建立健全有偿使用信息公开和服务制度，确保国家所有者权益得到充分有效维护。市场主体在国有自然资源资产的使用上的作用得到了尊重。

在具体措施方面，该《指导意见》依照现行法律规定和管理体制，明确了全民所有自然资源资产有偿处置的主体，合理划分中央和地方政府对全民所有自然资源资产的处置权限，创新管理体制，明确和落实主体责任，实现效率和公平相统一。建立健全市场主体信用评价制度，强化自然资源主管部门和财政等部门协同，发挥纪检监察、司法、审计等机构作用，完善国家自然资源资产管理体制和自然资源监管体制，创新管理方式方法，健全完善责任追究机制，实现对全民所有自然资源资产有偿使用全程动态有效监管，确保将有效保护和合理利用资源、维护国家所有者权益的各项要求落到实处。为了更好地推行该《指导意见》，还确立了全民所有自然资源资产有偿使用的试点。

《指导意见》提出的目标是，到2020年基本建立产权明晰、权能丰富、规则完善、监管有效、权益落实的全民所有自然资源资产有偿使用制度，使全民所有自然资源资产使用权体系更加完善，市场配置资源的决定性作用和政府的服务监管作用充分发挥，所有者和使用者权益得到切实维护，自然资源保护和合理利用水平显著提升，实现自然资源开发利用和保护的生态、经济、社会效益相统一。

自2015年12月《湖北省环境空气质量生态补偿暂行办法》实施以来，2016年上半年，湖北省环境空气质量持续改善，全省环境空气质量生态补偿激励机制效果显现。

　　建立资源有偿使用制度，从根本上健全自然资源资产管理产权制度和用途管制机制，对自然生态空间包括土地、森林、山岭、水流、草原、荒地、滩涂等明确产权关系，形成归属明晰、权责明确、监管高效的自然资源资产产权制度，以提高资源配置效率。中国近年来大型公共资源的产权制度改革也在推进，如主要污染物总量控制和减排，就是大气和水体等容纳净化污染物的能力这种特殊的自然资源，为政府这个主体所有并分配给排污企业有限额地使用，改变了原来大气和水体作为"无主"资源被过度利用的局面。

　　早在2013年中共十八届三中全会上，便首次提出了健全自然资源资产产权制度和用途管制制度，并重申划定生态保护红线，实行资源有偿使用制度和生态补偿制度，改革生态环境保护管理体制，重点解决全民所有自然资源资产的所有权人不到位、权益不落实这一核心问题。通过理念创新、组织优化、职责划分、制度保障等，确保管理体制高效运转，推动治理体系和治理能力现代化目标实现。

　　中共中央、国务院在推进生态文明建设的一系列部署中，还探索编制了自然资源资产负债表。作为开展党政领导干部自然资源资产离任审计的重要依据，能够量化显示自然资源开发或保育带来的负债和权益，为优化政府和社会投资提供依据。在制度层面上促进各级政府部门破除和扭转"唯GDP至上"的发展理念，对自然资源与生态环境保护乃至整体生态文明建设工作形成有效的倒逼机制。

建立健全科学规范的自然资源统计调查制度，摸清自然资源资产的家底及其变动情况，为推进生态文明建设、有效保护和永续利用自然资源提供信息基础、监测预警和决策支持。

2015年11月8日，国务院下发《关于印发编制自然资源资产负债表试点方案的通知》，开展试编自然资源资产负债表的工作。开展自然资源资产核算、编制自然资源资产负债表不仅是一个技术问题，而且是一项系统工程，其复杂程度不言而喻。之所以将土地资源、林木资源、水资源作为突破点，一方面是因为这三项资源具有最为重要的生态功能，另一方面是由于对这三项资源开展负债表编制工作具有较好的统计基础和统计可操作性。负债表的编制工作是基础工作，编制得是否科学，直接影响到这项制度体系的完备性和科学性。为此，国务院要求各地区在国家有关部门的指导下用尽量科学的方案开展工作。在编制过程中，及时总结经验，拾遗补阙，进一步优化完善自然资源资产负债表编制制度。国家有关部门还将通过现场核查、数据校验等方式，评估自然资源统计数据质量。

这些健全国家自然资源资产管理体制的举措，稳步扎实地为中国生态文明建设的推进实施提供了法理基础和制度依据，设立国有自然资源资产管理和自然生态监管机构，为这些制度的实施提供了有力的保障。

二、建立国土空间开发保护制度

在中国国内的传统思维中，讲到国土，大都认为中国幅员辽阔、物产丰富、山川秀美。例如，最北端起于北纬53°31′漠河以北的黑龙江主航道中心线，最南到达南海南沙群岛的曾母暗沙，约在北纬4°15′，南北纵深5500公里。当北疆还处在天寒地冻的寒冬，南国已经进入春暖花开的春季。中国的最西端位于东经73°40′的新疆维吾尔自治区乌恰县西部帕米尔高原，最东端的陆地处在东经135°15′的黑龙江抚远县境内黑龙江与乌苏里江主航道中心线的汇合点，东西相距5200公里，当帕米尔高原的牧民还在深夜的篝火中舞蹈，东部的乌苏里江已经朝霞满天。地球的北回归线从中国华南地区穿过，其北部约95%的陆地疆土处在四季分明的北温带，气候条件有利于热带、亚热带、温带各类植物和粮食作物的生长，物产丰饶。

我们具体分析一下可以看到，中国虽然国土广袤，但地形地貌类型多样，地理条件差异巨大。山地占33%，高原占26%，丘陵占10%，盆地占19%，平原占12%，地势起伏，由西向东呈四个由高到低的阶梯状分布。中国现代人文地理学和自然地理学的奠基人、地理学家胡焕庸，在1935年提出划分中国人口密度的对比线。这条线从黑龙江省瑷珲到云南省腾冲，大致为倾斜45度的直线，这就是著名的胡焕庸线。城市、耕地、工厂、人口大部分集中在这条线右侧，左侧主要是高原、丘陵和山脉，可利用的土地面积不足整个国土面积的三分之一。中国的水资源主要集中在南部和西南部，中部和西北方干旱少雨，严重制约着经济社会的发展。

中国虽然已经发展成为世界第二大经济体，但还未完成社会主义现代化强国的建设，人均收入也远没有达到世界平均水平。中国经济奇迹的背后却付出了巨大代价，发展中不平衡、不协调、不可持续的问题突出，过早地遇到了资源环境约束。主要原因是发展方式过于粗放，这种发展方式的主要特征是浪费资源、污染环境。例如，在食品安全问题方面，为满足国民不断加大的对牛、羊等优质肉类的消费，很多地区将山地、耕地转化为草地、牧场，并对草地、牧场大量施用化肥、农药，结果造成粮食、蔬菜、水果、肉类及牛奶安全问题突出。一些地方为了养活国民、不断提升生活水平，在耕地多年来没有扩大反而缩小的前提下，在这些耕地将近一半在少水的北方这一背景制约下，为追求高产而大量使用化肥、农药，造成了土地板结和荒漠化等，自然环境遭到了破坏。

综上所述，国土空间发展的不均衡已经对中国的经济发展造成了约束，除人口流动、物流相对无序、过密或过疏外，还将出现食品安全、人口大量集聚东部城市、大城市病等突出问题。在中国的国土独特空间基础和经济发展现状下，这些问题如果不能有效化解，会造成许多全局性问题，对国家战略、模式、体制的选择，对实施资源环境和可持续发展，将会造成更长期更严重的影响。因此，需要精心、科学、合理规划空间开发与治理，这对国家的发展尤其是资源与环境的可持续利用具有重大战略意义。

2015年9月，中共中央、国务院印发《生态文明体制改革总体方案》，再次提出了树立空间均衡理念，把握人口、经济、资源环境的平衡点推动发展，人口规模、产业结构、增长速度不能超出当地水土资源承载能力和环境容量，并提出要建立国土空间开发保护制度、建立空间规划体系。2017年，中国国家海洋局为贯彻落实《生态文明体制改革总体方案》的有关部署安排，科学养护和合理利用海洋渔业资源，制定了《海洋渔业资源总量管理制度方案》。在加快海洋渔业发展的同时，大力加强海洋渔业资源养护，通过伏季休渔、渔船渔具管理、减船转产等措施，实施海洋捕捞总产量控制和海洋限额捕捞管理，以控制海洋捕捞的强度，保护自然资源。

从2017年起，农业部对我国所有海区的休渔期由过去的三个月调整为四个月。同时，农业部将对海洋渔业资源实行总量管理，国内海洋捕捞实行负增长政策，预计到2020年国内海洋捕捞总产量将减少到1000万吨以内。图为进入休渔期的大连市长海县海域。

2017年2月4日，国务院印发《全国国土规划纲要（2016—2030年）》（以下简称《纲要》）。这是中国首个国土空间开发与保护的战略性、综合性、基础性规划，对涉及国土空间开发、保护、整治的各类活动具有指导和管控作用。要贯彻区域发展总体战略和主体功能区战略，对国土空间开发、资源环境保护、国土综合整治和保障体系建设等作出总体部署与统筹安排。要进一步优化国土开发格局、提升国土开发质量、规范国土开发秩序；优化生产、生活、生态空间，推进生态文明建设，完善国土空间规划体系和提升国土空间治理能力。

《纲要》提出了加快构建"安全、和谐、开放、协调、富有竞争力和可持续发展的美丽国土"的总体目标。到2030年，国土空间开发格局不断优化，整体竞争力和综合国力显著增强，国土开发强度不超过4.62%，城镇空间控制在11.67万平方千米以内。城乡区域协调发展取得实质进展，国土开发的协调性大幅提升。资源节约型、环境友好型社会基本建成，可持续发展能力显著增强，单位国内生产总值能耗和用水量大幅下降，坚守耕地"红线"，建成高标准农田12亿亩，新增治理水土流失面积94万平方千米以上。基础设施体系趋于完善，资源保障能力和国土安全水平不断提升，用水总量控制在7000亿立方米以内。海洋开发保护水平显著提高，建设海洋强国目标基本实现。国土空间开发保护制度更加完善，由空间规划、用途管制、差异化绩效考核构成的空间治理体系更加健全。

《纲要》部署了全面协调和统筹推进国土集聚开发、分类保护、综合整治和区域联动发展的主要任务。一是构建"多中心网络型"开发格局，推进建设国土开发集聚区和培育国土开发轴带。二是构建分类分级全域保护格局，依据环境质量、人居生态、自然生态、水资源和耕地资源五大类资源环境主题实施分类保护。三是构建综合整治格局，修复与提升主要城市化地区、农村地区、重点生态功能区、矿产资源开发集中区及海岸带和海岛地区的国土功能。

《纲要》提出，要强化国土空间用途管制，提升能源资源保障能力，设置"生存线"，严格保护耕地和水资源；设置"生态线"，将用途管制扩大到所有自然生态空间；设置"保障线"，保障经济社会发展必要的建设用地、能源和重要矿产资源安全。

该《纲要》的实施有利于中国优化国土空间开发格局，提高综合国力和竞争力；有利于推进城乡区域协调发展，提升国土开发的协调性；有利于提高资源保障能力，实现经济社会可持续发展；有利于保护和改善生态环境，保障国土生态安全；有利于加快形成合理的空间规划体系，健全国土空间开发保护制度，为建设美丽中国和实现中华民族伟大复兴的中国梦提供了重要支撑和基础保障。

三、建立空间规划体系

　　"空间规划"的概念在1983年欧洲区域规划部长级会议通过的《欧洲区域／空间规划章程》中首次使用。文中指出，区域／空间规划是经济、社会、文化和生态政策的地理表达，也是一门跨学科的综合性科学学科、管理技术和政策，旨在依据总体战略形成区域均衡发展和物质组织。1997年发布的《欧盟空间规划制度概要》中进一步指出，空间规划主要是由公共部门使用的影响未来活动空间分布的方法，目的是形成一个更合理的土地利用及其关系的地域组织，平衡发展和保护环境两个需求，实现社会和经济发展目标。通过协调不同部门规划的空间影响，实现区域经济的均衡发展以弥补市场缺陷，同时规范土地和财产使用的转换。"空间规划"一词目前仍在欧洲规划工作中使用较多。

　　中共十八大以来，中国重视空间规划体系的建设，重点开展了以空间资源的合理保护和有效利用为核心，以空间资源（土地、海洋、生态等）保护、空间要素统筹、空间结构优化、空间效率提升、空间权利公平等方面为突破，探索"多规融合"模式下的规划编制、实施、管理与监督机制。空间规划体系的建立是厘清各层级政府的空间管理事权，打破部门藩篱和整合各部门空间责权，从社会经济协调、国土资源合理开发利用、生态环境保护有效监管、新型城镇化有序推进、跨区域重大设施统筹、规划管理制度建设等方面着手建立的空间规划。中国的国家空间规划体系包括全国、省、市县三个层面。

中共十九大更是提出了"实施重要生态系统保护和修复重大工程，优化生态安全屏障体系，构建生态廊道和生物多样性保护网络，提升生态系统质量和稳定性。完成生态保护红线、永久基本农田、城镇开发边界三条控制线划定工作"的工作任务。

2017年1月9日，中共中央办公厅、国务院办公厅印发《省级空间规划试点方案》（以下简称《方案》）。试点范围在海南、宁夏试点基础上，综合考虑地方现有工作基础和相关条件，将吉林、浙江、福建、江西、河南、广西、贵州等纳入试点范围，共9个省份。统一规划期限，空间规划期限设定为2030年，通过试点探索实现以下目标：

一是形成一套规划成果。在统一不同坐标系的空间规划数据前提下，有效解决各类规划之间的矛盾冲突问题，编制形成省级空间规划总图和空间规划文本。二是研究一套技术规程。研究提出适用于全国的省级空间规划编制办法，资源环境承载能力和国土空间开发适宜性评价、开发强度测算、"三区三线"划定等技术规程，以及空间规划用地、用海、用岛分类标准、综合管控措施等基本规范。三是设计一个信息平台。研究提出基于2000国家大地坐标系的规划基础数据转换办法，以及有利于空间开发数字化管控和项目审批核准并联运行的规划信息管理平台设计方案。四是提出一套改革建议。研究提出规划管理体制机制改革创新和相关法律法规立改废释的具体建议。

《方案》要求全国建立统一基础数据，完成各类空间基础数据坐标转换，建立空间规划基础数据库。统一用地分类，系统整合《土地利用现状分类》《城市用地分类与规划建设用地标准》等，形成空间规划用地分类标准。通过健全国土空间用途管制制度，优化空间组织和结构布局，提高发展质量和资源利用效率，形成可持续发展的美丽国土空间。开展陆海全覆盖的资源环境承载能力基础评价和针对不同主体功能定位的差异化专项评价，以及国土空间开发网格化适宜性评价。结合现状地表分区、土地权属，分析并找出需要生态保护、利于农业生产、适宜城镇发展的单元地块，划分适宜等级并合理确定规模。将环境影响评价作为优化空间布局的重要技术方法，增强空间规划的环境合理性和协调性。根据不同主体功能定位，综合考虑经济社会发展、产业布局、人口集聚趋势，以及永久基本农田、各类自然保护地、重点生态功能区、生态环境敏感区和脆弱区保护等底线要求，科学测算城镇、农业、生态三类空间比例和开发强度指标。重点围绕基础设施互联互通、生态环境共治共保、城镇密集地区协同规划建设、公共服务设施均衡配置等方面的发展要求，统筹协调平衡跨行政区域的空间布局安排，并在空间规划底图上进行有机叠加，形成空间布局总图。在空间布局总图基础上，系统整合各类空间性规划核心内容，编制省级空间规划。整合各部门现有空间管控信息管理平台，搭建基础数据、目标指标、空间坐标、技术规范统一衔接共享的空间规划信息管理平台，为规划编制提供辅助决策支持，对规划实施进行数字化监测评估，实现各类投资项目和涉及军事设施建设项目空间管控部门并联审批核准，提高行政审批效率。

该《方案》的制定，是全面落实中央关于深化生态文明体制改革的部署要求，深入探索规划体制机制改革创新路径，以主体功能区规划为基础统筹各类空间性规划，优化空间开发与保护格局，推动提升政府空间管控能力和效率等迈出的坚实一步。

四、完善资源总量管理和全面节约制度

2015年10月，中共十八届五中全会通过的《中共中央关于制定国民经济和社会发展第十三个五年规划的建议》（以下简称《建议》）作出全面节约和高效利用资源的战略部署，这是中国在未来五年乃至更长时期关于资源利用和管理工作的根本遵循。

中国的"五年规划"原称"五年计划"，全称为"中华人民共和国国民经济和社会发展五年规划纲要"，是中国国民经济计划的重要部分，属长期计划。主要是对国家重大建设项目、生产力分布和国民经济重要比例关系等作出规划，为国民经济发展远景规定目标和方向。中国1953年开始制订第一个"五年计划"。从"十一五"起，"五年计划"改为"五年规划"。除了从1949年10月到1952年年底为中国国民经济恢复时期和1963年至1965年为国民经济调整时期外，截至目前中国已发布十三个"五年规划"（或"五年计划"）。

2016年起，中国开始实施"第十三个国民经济与社会发展五年规划"。同往年相比，这个规划专门增加了"加快改善生态环境"部分，这部分内容分为七章，提出2016年至2020年五年的环境治理和生态建设目标。将全面清理现行法律法规中与加快推进生态文明建设不相适应的内容，加强法律法规间的衔接。研究制定节能评估审查、节水、应对气候变化、生态补偿、湿地保护、生物多样性保护、土壤环境保护等方面的法律法规，修订《土地管理法》《大气污染防治法》《水污染防治法》《节约能源法》《循环经济促进法》《矿产资源法》《森林法》《草原法》《野生动物保护法》等国家法律，从国家的总体发展战略层面，加强资源总量管理和全面节约的制度体系建设。

"十三五"规划中加快改善生态环境的规划，以提高环境质量为核心，以解决生态环境领域突出问题为重点，加大生态环境保护力度，提高资源利用效率，为人民提供更多优质生态产品，协同推进人民富裕、国家富强、中国美丽。所包含的七个方面内容分别如下：

1. 加快建设主体功能区。强化主体功能区作为国土空间开发保护基础制度的作用，加快完善主体功能区政策体系，推动各地区依据主体功能定位发展。推动主体功能区布局基本形成，健全主体功能区配套政策体系，建立空间治理体系。所谓"主体功能区"是指基于不同区域的资源环境承载能力、现有开发密度和发展潜力等，将特定区域确定为特定主体功能定位类型的一种空间单元。

2. 推进资源节约集约利用。树立节约集约循环利用的资源观，推动资源利用方式根本转变，加强全过程节约管理，大幅提高资源利用综合效益。实施全民节能行动计划，全面推进工业、建筑、交通运输、公共机构等领域节能，实施锅炉（窑炉）、照明、电机系统升级改造及余热暖民等重点工程，推进能源消费革命。全面推进节水型社会建设，设立了6700亿立方米以内用水总量控制目标。严控新增建设用地，有效管控新城新区和开发区无序扩张。有序推进城镇低效用地再开发和低丘缓坡土地开发利用，推进建设用地多功能开发、地上地下立体综合开发利用，促进空置楼宇、厂房等存量资源再利用。严控农村集体建设用地规模，探索建立收储制度，盘活农村闲置建设用地。开展建设用地节约集约利用调查评价。单位国内生产总值建设用地使用面积下降20%，强化土地节约集约利用。强化矿产资源规划管控，严格分区管理、总量控制和开采准入制度，加强复合矿区开发的统筹协调，加强矿产资源节约和管理。大力发展循环经济，实施循环发展引领计划，推进生产和生活系统循环链接，加快废弃物资源化利用。倡导全社会勤俭节约的生活方式，倡导合理消费，力戒奢侈消费，深入开展反过度包装、反食品浪费、反过度消费行动，推动形成勤俭节约的社会风尚。建立健全资源高效利用机制，实施能源和水资源消耗、建设用地等总量和强度双控行动，强化目标责任，完善市场调节、标准控制和考核监管。

3. 加大环境综合治理力度。创新环境治理理念和方式，实行最严格的环境保护制度，强化排污者主体责任，形成政府、企业、公众共治的环境治理体系，实现环境质量总体改善。深入实施污染防治行动，制订城市空气质量达标计划，严格落实约束性指标，地级及以上城市重污染天数减少25%，加大重点地区细颗粒物污染治理力度。实施工业污染源全面达标排放计划。完善污染物排放标准体系，加强工业污染源监督性监测，公布未达标企业名单，实施限期整改。实施环境风险全过程管理。加强危险废物污染防治，开展危险废物专项整治。加快城镇垃圾处理设施建设，完善收运系统，提高垃圾焚烧处理率，做好垃圾渗滤液处理处置；加快城镇污水处理设施和管网建设改造，推进污泥无害化处理和资源化利用，实现城镇生活污水、垃圾处理设施全覆盖和稳定达标运行，城市、县城污水集中处理率分别达到95%和85%。建立全国统一、全面覆盖的实时在线环境监测监控系统，推进环境保护大数据建设。切实落实地方政府环境责任，开展环保督察巡视，建立环境质量目标责任制和评价考核机制。从2016年开始，已对省级党委和政府及其有关部门开展环保督察巡视，推动地方党委政府落实保护生态环境的主体责任。

2017年5月23日下午，习近平主持召开中共中央全面深化改革领导小组第三十五次会议，会议审议通过了《关于建立资源环境承载能力监测预警长效机制的若干意见》和《关于深化环境监测改革提高环境监测数据质量的意见》。会议强调，建立资源环境承载能力监测预警长效机制，要坚定不移实施主体功能区制度，坚持定期评估和实时监测相结合、设施建设和制度建设相结合、从严管制和有效激励相结合、政府监管和社会监督相结合，系统开展资源环境承载能力评价，有效规范空间开发秩序，合理控制空间开发强度，促进人口、经济、资源环境的空间均衡，将各类开发活动限制在资源环境承载能力之内。会议指出，环境监测是生态文明建设和环境保护的重要基础。要把依法监测、科学监测、诚信监测放在重要位置，采取最规范的科学方法、最严格的质控手段、最严厉的惩戒措施，深化环境监测改革，建立环境监测数据弄虚作假防范和惩治机制，确保环境监测数据全面、准确、客观、真实。这两项《意见》的出台，将更有力地支撑国家"十三五"规划中关于"形成政府、企业、公众共治的环境治理体系"和建立"加大环境综合治理力度"目标的实现。

4. 加强生态保护修复。坚持保护优先、自然恢复为主，推进自然生态系统保护与修复，构建生态廊道和生物多样性保护网络，全面提升各类自然生态系统稳定性和生态服务功能，筑牢生态安全屏障。全面提升生态系统功能，开展大规模国土绿化行动，加强林业重点工程建设，完善天然林保护制度，全面停止天然林商业性采伐，保护培育森林生态系统。推进重点区域生态修复，坚持源头保护、系统恢复、综合施策，推进荒漠化、石漠化、水土流失综合治理。扩大生态产品供给，丰富生态产品，优化生态服务空间配置，提升生态公共服务供给能力。加大风景名胜区、森林公园、湿地公园、沙漠公园等保护力度，加强林区道路等基础设施建设，适度开发公众休闲、旅游观光、生态康养服务和产品。加快城乡绿道、郊野公园等城乡生态基础设施建设，发展森林城市，建设森林小镇。打造生态体验精品线路，拓展绿色宜人的生态空间。实施生物多样性保护重大工程。强化自然保护区建设和管理，加大典型生态系统、物种、基因和景观多样性保护力度。

5. 积极应对全球气候变化。坚持减缓与适应并重，主动控制碳排放，落实减排承诺，增强适应气候变化能力，深度参与全球气候治理，为应对全球气候变化作出贡献。有效控制电力、钢铁、建材、化工等重点行业碳排放，推进工业、能源、建筑、交通等重点领域低碳发展。在城乡规划、基础设施建设、生产力布局等经济社会活动中充分考虑气候变化因素，适时制定和调整相关技术规范标准，实施适应气候变化行动计划。坚持共同但有区别的责任原则、公平原则、各自能力原则，积极承担与中国基本国情、发展阶段和实际能力相符的国际义务，落实强化应对气候变化行动的国家自主贡献。积极参与应对全球气候变化谈判，推动建立公平合理、合作共赢的全球气候治理体系。深化气候变化多双边对话交流与务实合作。充分发挥气候变化南南合作基金作用，支持其他发展中国家加强应对气候变化能力。

6. 健全生态安全保障机制。加强生态文明制度建设，建立健全生态风险防控体系，提升突发生态环境事件应对能力，保障国家生态安全。落实生态空间用途管制，划定并严守生态保护红线，确保生态功能不降低、面积不减少、性质不改变。建立健全国家生态安全动态监测预警体系，定期对生态风险开展全面调查评估。健全国家、省、市、县四级联动的生态环境事件应急网络，完善突发生态环境事件信息报告和公开机制。严格环境损害赔偿，在高风险行业推行环境污染强制责任保险。

7. 发展绿色环保产业。培育服务主体，推广节能环保产品，支持技术装备和服务模式创新，完善政策机制，促进节能环保产业发展壮大。扩大环保产品和服务供给，完善企业资质管理制度，鼓励发展节能环保技术咨询、系统设计、设备制造、工程施工、运营管理等专业化服务。发展环保技术装备，增强节能环保工程技术和设备制造能力，研发、示范、推广一批节能环保先进技术装备。加快低品位余热发电、小型燃气轮机、细颗粒物治理、汽车尾气净化、垃圾渗滤液处理、污泥资源化、多污染协同处理、土壤修复治理等新型技术装备研发和产业化。推广高效烟气除尘和余热回收一体化、高效热泵、半导体照明、废弃物循环利用等成熟适用技术。

　　"十三五"规划是中共十八大把生态文明建设纳入"五位一体"总布局后的第一个五年规划，从现在起到2020年是中国全面建成小康社会的决胜期。"十三五"规划中专门增加"加快改善生态环境"，用很重的篇幅强调中国坚持绿色发展并部署了具体举措，体现出中国政府建设生态文明美丽中国的坚强决心和坚定信心。

五、健全资源有偿使用和生态补偿制度

（一）资源有偿使用的制度体系

自然资源资产有偿使用制度是生态文明制度体系的一项核心制度。改革开放以来，中国的全民所有自然资源资产有偿使用制度逐步建立，在促进自然资源保护和合理利用、维护所有者权益方面发挥了积极作用，但由于有偿使用制度不完善、监管力度不足，还存在市场配置资源的决定性作用发挥不充分、所有权人不到位、所有权人权益不落实等突出问题。中共十九大提出了"严格保护耕地，扩大轮作休耕试点，健全耕地草原森林河流湖泊休养生息制度，建立市场化、多元化生态补偿机制"的要求。中国政府在建立资源有偿使用的具体举措上，建立了一系列制度：

1. 完善国有土地资源有偿使用制度。全面落实规划土地功能分区和保护利用的要求，优化土地利用布局，规范经营性土地有偿使用。对生态功能重要的国有土地，要坚持保护优先，其中依照法律规定和规划允许进行经营性开发利用的，应设立更加严格的审批条件和程序，并全面实行有偿使用，切实防止无偿或过度占用。

2. 完善水资源有偿使用制度。严守水资源开发利用控制、用水效率控制、水功能区限制纳污三条红线，强化水资源节约利用与保护，加强水资源监控。维持江河的合理流量和湖泊、水库以及地下水体的合理水位，维护水体生态功能。健全水资源费征收制度，综合考虑当地水资源状况、经济发展水平、社会承受能力以及不同产业和行业取用水的差别特点，区分地表水和地下水，支持低消耗用水、鼓励回收利用水、限制超量取用水，合理调整水资源费征收标准，大幅提高地下水特别是水资源紧缺和超采地区的地下水资源费征收标准，严格控制和合理利用地下水。

3. 完善矿产资源有偿使用制度。全面落实禁止和限制设立探矿权、采矿权的有关规定，强化矿产资源保护。改革完善矿产资源有偿使用制度，明确矿产资源国家所有者权益的具体实现形式，建立矿产资源国家权益金制度。完善矿业权有偿出让制度，在矿业权出让环节，取消探矿权价款、采矿权价款，征收矿业权出让收益。进一步扩大矿业权竞争性出让范围，除协议出让等特殊情形外，对所有矿业权一律以招标、拍卖、挂牌方式出让。

4. 建立国有森林资源有偿使用制度。严格执行森林资源保护政策，充分发挥森林资源在生态建设中的主体作用。国有天然林和公益林、国家公园、自然保护区、风景名胜区、森林公园、国家湿地公园、国家沙漠公园的国有林地和林木资源资产不得出让。对确需经营利用的森林资源资产，确定有偿使用的范围、期限、条件、程序和方式。对国有森林经营单位的国有林地使用权，原则上按照划拨用地方式管理。

5. 建立国有草原资源有偿使用制度。依法依规严格保护草原生态，健全基本草原保护制度，任何单位和个人不得擅自征用、占用基本草原或改变其用途，严控建设占用和非牧使用。全民所有制单位改制涉及的国有划拨草原使用权，按照国有农用地改革政策实行有偿使用。稳定和完善国有草原承包经营制度，规范国有草原承包经营权流转。

6. 完善海域海岛有偿使用制度。完善海域有偿使用制度。坚持生态优先，严格落实海洋国土空间的生态保护红线，提高用海生态门槛。严格实行围填海总量控制制度，确保大陆自然岸线保有率不低于35%。完善海域有偿使用分级、分类管理制度，适应经济社会发展多元化需求，完善海域使用权出让、转让、抵押、出租、作价出资（入股）等权能。

（二）生态补偿的制度体系

生态补偿的逻辑起点是科学界定生态保护者与受益者的权利义

务，从而形成生态损害者赔偿、受益者付费、保护者得到合理补偿的运行机制。因此，加快自然资源及其产品价格改革，全面反映市场供求、资源稀缺程度、生态环境损害成本和修复效益。坚持使用资源付费和谁污染环境、谁破坏生态谁付费原则，逐步将资源税扩展到占用各种自然生态空间。

2015年11月，中共中央办公厅、国务院办公厅印发《生态环境损害赔偿制度改革试点方案》。2016年8月30日，中央全面深化改革领导小组第二十七次会议审议通过《关于在部分省份开展生态环境损害赔偿制度改革试点的报告》，批准了吉林、江苏、山东、湖南、重庆、贵州、云南七省市的生态环境损害赔偿制度改革试点工作实施方案。国家选择的试点省市兼顾了地域上的东中西部，考虑了经济发展阶段、生态环境质量现状的差异性。这七省市结合当地工作实际分别制定试点方案和实施方案，指定具体负责部门或机构，细化适用范围，进一步明确磋商制度、诉讼规则、损害鉴定评估、资金管理、执行与监督等具体措施。重庆、贵州、云南三省市拟推进建立生态环境损害赔偿基金制度。吉林、湖南、重庆、云南四省市提出建立生态环境修复保证金制度或生态环境损害责任保险制度。湖南省还提出建立系统完整的生态环境损害赔偿资金管理制度。重庆市鼓励创设多种方式资金筹集渠道，要求积极推进建立企业生态环境损害赔偿基金与生态环境修复保证金制度，鼓励构建市场型生态环境修复基金与环境应急基金制度，探索设立高风险行业环境责任信托基金与强制环境责任保险制度。授权试点的地方省市政府成为本行政区域内生态环境损害赔偿权利人。这些试点为2018年在全国开展生态环境损害赔偿工作和相关立法提供了实践经验。

中国其他省市也不断探索生态补偿制度体系。例如，陕西省近年来已初步构建起了有关环境保护和资源有偿使用、生态补偿方面的制度体系。2004年陕西省人民政府制定了《陕西省生态功能区划》，为区域开发建设活动和生态环境保护提供理论依据。此后不仅制定了排污费征收使用管理方面的制度，还制定了汉江丹江流域水污染防治条例、陕西省矿山地质环境治理恢复保证金管理办法等。这些制度为陕西省在防治大气水源污染、节能减排、保护森林及矿产资源、促进循环经济发展等方面提供了法律保障。每个条例中几乎都包含资源有偿使用和生态补偿的相关规定，这使陕西省的生态保护做到了有法可依，为实现陕西省经济发展与环境保护的双赢目标搭建了一个非常好的平台。通过向有关企业收取生态补偿金、排污费和行政处罚金，为资源保护筹备了环境修复资金。

不少地方还稳定和扩大退耕还林、退牧还草范围，调整严重污染和地下水严重超采区耕地用途，有序实现耕地、河湖休养生息。例如，湖北省采取财政转移支付和以奖代补、生态市县建设、环保补助水利建设、节能减排、湖泊治理等专项资金的形式，其中

2007—2014年环保项目投入11.85亿元，退耕还林年均补偿1300余万元。逐步加大生态公益林补偿力度，2014年全省共投入资金5.17亿元。陕西省退耕还林还草、天然林保护工作取得了显著成绩。从1999年秋冬率先实施退耕还林，工程涉及全省10个市102个县级单位。10多年来累计完成退耕还林3613.5万亩，其中退耕还林1528.8万亩、荒山造林1891.7万亩、封山育林193万亩。截至2011年，国家累计投入陕西省退耕还林补助资金263.4亿元。

同时，建立有效调节工业用地和居住用地合理比价机制，提高工业用地价格。2015年的全国国土资源工作会议，提出要修订划拨用地目录，扩大国有建设用地有偿使用范围，清理地方用地优惠政策，修订出台新的城镇土地等别，试点探索工业用地和住宅用地合理比价机制，提高工业用地价格，以保障自然资源的生态补偿机制。

坚持谁受益、谁补偿原则，完善对重点生态功能区的生态补偿机制，推动地区间建立横向生态补偿制度。中国政府还注重发展环保市场，推行节能量、碳排放权、排污权、水权交易制度，建立吸引社会资本投入生态环境保护的市场化机制，推行环境污染第三方治理。中国还注重发挥企业科技创新的主体地位，建立生态文明建设科技创新成果转化机制，形成一批成果转化平台、中介服务机构，加快成熟、适用技术的示范和推广。

六、建立健全环境治理体系

如果想要形成生态文明建设制度建设的合力，必须明确各级党委、政府对本辖区生态文明建设负总责，建立高效有力的协调机制和工作机制，并且要加强部门（区域）联动。在一些领域，各级政府成立了由有关部门组成的生态文明建设部际联席会议制度，初步展现了政策合力。例如：在国家信息化发展过程中，考虑到中共中央和国家对生态文明建设的总体部署，中共中央办公厅、国务院办公厅2016年印发了《国家信息化发展战略纲要》（以下简称《纲要》），明确提出了实施生态文明和环境保护监测信息化工程。《纲要》要求着力提升经济社会信息化水平，服务生态文明建设，助力美丽中国。《纲要》提出要创新资源管理和利用方式，开展国家自然生态空间统一确权登记。整合自然生态空间数据，优化资源开发利用的空间格局和供应时序。完善自然资源监管体系，逐步实现全程、全覆盖动态监管，提高用途管制能力。探索建立废弃物信息管理和交易体系，形成再生资源循环利用机制。另外，《纲要》还提出要构建新型生态环境治理体系，健全环境信息公开制度。实施生态文明和环境保护监测信息化工程，逐步实现污染源、污染物、生态环境全时监测，提高区域流域环境污染联防联控能力。推动建立绿色低碳循环发展产业体系，鼓励有条件地区探索开展节能量、碳排放权、排污权、水权网上交易。利用信息技术提高生态环境修复能力，促进生态环境根本性改善。

再例如，在河流治理方面，建立了以流域为单元防止水污染的体制和工作机构，对所有污染物排放进行统一监管，建立信息资源共享、执法资源整合的部门联动机制。在河流流域跨市界断面，为实现流域境内生态环境良性发展，涉及的相关地方政府建立水污染防治区域联动机制。成员单位间不存在领导与被领导关系，而是一种跨地区的平等、互助、监督、协作关系。通过会商方式，决定跨市界河流水污染防治措施、方式，解决重大环境问题。加强横向沟通联系，做到互联互通、信息共享。共享内容包括水环境质量、入河排污口、水污染事件调查处理、污染源和污染治理等信息。

2016年12月，中共中央办公厅、国务院办公厅印发了《关于全面推行河长制的意见》。以"河长制"治理河流的污染，是一项具有创举的制度举措。"河长制"是从河流水质改善领导督办制、环保问责制所衍生出来的水污染治理制度，目的是为了保证河流在较长的时期内保持河清水洁、岸绿鱼游的良好生态环境。通过"河长制"，让本来无人愿管、被肆意污染的河流，变成悬在"河长"们头上的达摩克利斯之剑。在中国"水危机"严峻的当下，"河长制"成为催生河清水绿的可行制度。强化落实"河长制"，从突击式治水向制度化治水转变。由各级党政主要负责人担任"河长"，负责辖区内河流的污染治理。2016年12月13日，水利部、环境保护部、国家发展改革委员会、财政部、国土资源部、住房和城乡建

2017年，南京出台《关于全面推行"河长制"的实施意见》，构建市、区、镇街、村社四级"河长制"组织体系。全市821条河道、251座水库、10个湖泊全部要有"河长"，治理污水、防范洪水、科学调水、有效节水等工作由"河长"统筹管理。

设部、交通运输部、农业部、国家卫生和计划生育委员会、林业局等有关部委在北京召开视频会议，部署全面推行"河长制"各项工作，确立了到2018年年底前实现在全国全面建立"河长制"的目标任务。

在地方层面的实践证明了这是一项行之有效的措施。上海市建立"市—区—街镇"三级河长制之后，在分批公布河长名单的同时，陆续建立各级的"河长办"。为探索"河长办"的实体化运作机制，上海要求各级"河长办"监督热线电话每天24小时开通，每天工作时间都有专人值守热线电话，夜间也通过"呼叫转移"落实专人接听，一有河道突发事件立刻处理，并且备有相机记录现场情况。上海还建立了APP工作平台和"互联网+"式的河长工作平台，可以让河长掌握具体河道的管养情况，发布河长工作指令，同时也记录了河长的履职情况，为河长考核提供了数据；还可以整合行业、社会、市场多方力量，提高河道管理养护水平，让大家参与到治理水环境的行动中来。实行河道治理进度的公示制，并以"每周一信"的方式对河长进行履职监督。在金山区"河长办"，有一张占了整面墙的河道治理"进展公示表"，任务、完成的节点时限、目前进展情况等信息一目了然。金山区水务局人士说，这是全区治水的一张"晴雨表"，哪里进展顺利、哪里有点卡壳，一看就清楚了。除了全区的，不少街道和乡镇也都在公共区域推出了"进度公示牌"，让市民和社会参与监督。金山区还每周向各级河长发出"一封信"，反馈治水成效和存在的问题，提出相应建议，提高河长履职的积极性和有效性。

2017年5月23日，习近平主持召开中央全面深化改革领导小组第三十五次会议，会议通过了多项关于环境保护的意见，其中一个文件是《跨地区环保机构试点方案》，计划在京津冀及周边地区开展跨地区环保机构试点，重点围绕改善大气环境质量、解决突出大气环境问题，理顺整合大气环境管理职责，探索建立跨地区环保机构，深化京津冀及周边地区污染联防联控协作机制，实现统一规划、统一标准、统一环评、统一监测、统一执法，推动形成区域环境治理新格局，为完善国家环境治理体系建设探索新途径。

中国的环境治理机制具有政府主导的特点，在政府统一调配下，各部门为达成目标协同工作。2017年4月，山西省出台《工业污染源全面达标排放计划实施方案》，山西省到2017年年底，钢铁、火电、水泥、煤炭、造纸、印染、污水处理厂、垃圾焚烧厂和焦化9个重点行业实现全面达标排放，到2020年年底，各类工业污染源将实现稳定达标排放，实现了在不同行业的协同作战。同时，该省将在推动工业污染源实现全面达标排放过程中，积极推动企业实施技术创新和转型升级，推广应用新技术、新工艺、新材料，减少污染物排放。推动环境服务业发展，鼓励有条件的工业园区、企业聘请第三方专业环保服务公司作为"环保管家"提供监测、监理、环保设施运营、污染治理一体化环保服务和解决方案。发挥环保优势企业的引领作用，鼓励有条件的企业建立环境保护技术中心、工程中心、产业化基地，研究开发具有竞争力、高附加值和自主知识产权的环保技术、产品和服务，并及时推广延伸环境保护先进经验、技术、方法。

中国形成治理体系同时也包括公众和民间组织的积极参与。政府鼓励公众积极参与，引导民间环保组织健康发展。规范和完善公众参与制度，及时准确披露环境等社会责任信息，企业的环境信息必须公开透明，强化公众生态环境知情权，保护公众的环境利益。完善公众监督举报制度、听证制度、舆论监督制度，建立生态环境公益诉讼制度，发挥民间环保组织和志愿者的作用。

七、健全环境治理和生态保护市场体系

中国政府积极培育企业作为环境治理领域市场化主体，近年来，这些企业不断壮大，加入环境治理的进程明显加快，另一方面这些企业又面临综合服务能力偏弱、创新驱动力不足、恶性竞争频发的现状。为加快培育环境治理和生态保护市场主体，调动市场主体的积极性，发挥和释放其市场潜力，以形成统一、公平、透明、规范的市场环境，根据《中共中央　国务院关于加快推进生态文明建设的意见》和《生态文明体制改革总体方案》，2016年9月22日，国家发展改革委员会、环境保护部制定印发了《关于培育环境治理和生态保护市场主体的意见》（以下简称《意见》）。该《意见》所遵循的原则是：

1. 政府引导，企业主体。充分发挥市场配置资源的决定性作用，培育和壮大企业市场主体，提高环境公共服务效率，形成多元化的环境治理体系。

2.法规约束，政策激励。健全法律法规，强化执法监督，规范和净化市场环境，发挥规划引导、政策激励和工程牵引作用，调动各类市场主体参与环境治理和生态保护的积极性。

3.创新驱动，能力提升。推行环境污染第三方治理、政府和社会资本合作，引导和鼓励技术与模式创新，提高区域化、一体化服务能力，不断挖掘新的市场潜力。

4.示范引领，逐步深化。结合自然资源资产产权制度改革，推进生态保护领域市场化试点，鼓励国有资本加大生态保护修复投入，探索建立吸引社会资本参与生态保护的机制。

该《意见》的目标是：增强市场供给能力，使环保技术装备、产品和服务基本满足环境治理需要，生态环保市场空间有效释放，绿色环保产业不断增长，产值年均增长15%以上。到2020年，环保产业产值超过2.8万亿元。逐步壮大市场主体，培育50家以上产值过百亿的环保企业，打造一批技术领先、管理精细、综合服务能力强、品牌影响力大的国际化的环保公司，建设一批聚集度高、优势特征明显的环保产业示范基地和科技转化平台。开放环保市场，到2020年，环境治理市场全面开放，政策体系更加完善，环境信用体系基本建立，监管更加有效，市场更加规范公平，生态保护市场化稳步推进。

在推行市场化环境治理模式方面：

1. 创新企业运营模式。在市政公用领域，大力推行特许经营等PPP模式，加快特许经营立法。在工业园区和重点行业，推行环境污染第三方治理模式，积极推广燃煤电厂第三方治理经验，研究发布第三方治理合同范本。创新林权模式，采取政府购买服务、混合所有制等多种方式，鼓励和引导各方面资金投入植树造林。

2. 推行综合服务模式。实施环保领域供给侧改革，推广基于环境绩效的整体解决方案、区域一体化服务模式。推动政府由过去购买单一治理项目服务向购买整体环境质量改善服务方式转变。鼓励企业为流域、城镇、园区、大型企业等提供定制化的综合性整体解决方案。在生态保护领域，探索实施政府购买必要的设施运行、维修养护、监测等服务。发展环境风险与损害评价、绿色认证等新兴环保服务业，深入推动环境污染责任保险。

3. 实施"互联网+"绿色生态行动。针对水、大气、土壤、森林、草原、湿地、海洋等各类生态要素，依托互联网、云计算平台，开展环境和生态监测、设施运营与监管、风险监控与预警。支持环保智能运营管理平台系统研发，推动污染治理设施的远程管控和低成本运营维护。构建跨地域、跨部门的开放式环保数据平台，开展环境大数据分析。扶持城市智慧环卫软硬件系统的研发及规模应用，加快垃圾收运系统与再生资源回收系统的结合。

4. 加快建设市场交易体系。在试点示范的基础上，建立完善排污权、碳排放权、用能权、水权、林权的交易制度。鼓励金融机构开发基于环境权益抵（质）押融资产品。充分发挥国家公共资源交易平台作用，统筹自然资源、环境资源、公共资源的管理，规范市场交易行为。探索实行公共资源的公开竞价及拍卖方式，形成价格水平随供求关系波动的市场化定价机制。

在构建市场化多元投融资体系方面：

1. 鼓励多元投资。环境治理和生态保护的公共产品和服务，能由市场提供的，都可以吸引各类资本参与投资、建设和运营，推动投资主体多元化。加大林业、草原、河湖、水土保持等生态工程带动力度，在以政府投资为主的生态建设项目中，积极支持符合条件的企业、农民合作社、家庭农场（牧场）、民营林场、专业大户等经营主体参与投资生态建设项目。

2. 拓宽融资渠道。发展绿色信贷，推进银企合作，积极支持排污权、收费权、集体林权、集体土地承包经营权质押贷款等担保创新类贷款业务。发挥政策性、开发性金融机构的作用，加大对符合条件的环境治理和生态保护建设项目支持力度。鼓励企业发行绿色债券，通过债券市场筹措投资资金。大力发展股权投资基金和创业投资基金，鼓励社会资本设立各类环境治理和生态保护产业基金。支持符合条件的市场主体发行上市。

3. 发挥政府资金引导带动作用。在划清政府与市场边界的基础上，将环境治理和生态保护列为各级财政保障范畴。发挥政府资金的杠杆作用，采取投资奖励、补助、担保补贴、贷款贴息等多种方式，调动社会资本参与环境治理和生态保护领域项目建设积极性。推行环保领跑者制度，加大推广绿色产品。

在实施有效的激励机制方面：

1. 完善收费和价格机制。2016年年底前，设市城市、县城和重点建制镇，原则上应将污水处理费收费标准调整至不低于国家规定的最低标准。在总结试点经验的基础上，抓紧建立完善城镇生活垃圾收费制度，提高收缴率。完善环境服务市场化价格形成机制，垃圾焚烧处理服务价格应覆盖飞灰处理与渗滤液处置成本，污水处理服务价格应包括污泥处理与处置成本。根据国家关于煤电机组实施超低排放改造的要求，完善环保电价政策，合理补偿环保改造成本。

2. 实施税收和土地优惠政策。落实并完善鼓励绿色环保产业发展的税收政策。研究修订环境保护专用设备企业所得税优惠目录。研究制定对治理修复的污染场地以及荒漠化、沙化整治的土地，给予增加用地指标或合理置换等优惠政策。

3. 制定支持科技创新的政策。鼓励企业开展环保科技创新，支持环保企业技术研发和产业化示范，推动建设一批以企业为主导的环保产业技术创新战略联盟及技术研发基地。落实企业研发费用税前加计扣除优惠政策。加快自主知识产权环境技术的产业化规模化应用，不断提升市场主体技术研发、融资、综合服务等自我能力。

在建立有效监管和执法体系方面：

1. 强化环境执法监管。加大环保督政约谈工作力度，落实环保党政同责制、生态环境损害责任终身追究制，提高地方政府领导环保责任意识。全面推动行政执法与刑事司法联动，实现立案移交、行政刑事处罚无缝衔接。加强重点排污企业和工业园区环保执法监察，对故意编造、篡改环境数据的违法企业，依法加大处罚力度。建立随机抽查工作机制。

2. 加快环境信用体系建设。推进实施《企业环境信用评价办法（试行）》，建立排污企业和环保企业的环境信用记录，纳入全国信用信息共享平台，作为相关部门实施协调监管和联合惩戒的依据。相关信用记录按照有关规定在"信用中国"网站公开，其中涉及企业的行政许可和行政处罚信息通过企业信用信息公示系统公示。对存在严重环境违法失信行为的主体，由发展改革、环境保护部门联合有关部门和单位实施跨部门联合惩戒，探索对诚实守信的主体实施跨部门联合激励，推动环境信用体系与其他信用体系的有机融合。

3. 推动环境信息公开。地方政府应依照有关规定，及时准确公布本辖区内水、空气等环境质量数据。排污单位应按照排污许可制的规定，及时公开排污许可证执行情况。重点排污单位应依法向社会公开主要污染物名称、排放方式、排放浓度和总量、超标排放情况，以及污染防治设施的建设和运行情况。

在规范市场秩序方面：

1. 清理有悖于市场统一的规定和做法。市政公用领域的环境治理设施和服务，其设计、施工、运营等全过程应严格采用竞争方式，不得以招商等名义回避竞争性采购要求。竞标资格不得设置与保障项目功能实现无关的竞标企业和单位注册地、所有制、项目经验和注册资本等限制条件。地方性法规、规范性文件不得设置优先购买、使用本地产品等规定。加快推进简政放权，简化注册审批流程。

2. 完善招投标管理。重点加强环境基础设施项目招投标市场监管，研究制定环境基础设施PPP项目的强制信息公开制度。建立招投标阶段引入外部第三方咨询机制，识别公共服务项目全生命周期中的风险，平衡各方风险分担比例，推动风险承担程度与收益对等。加强从项目遴选、设计、投资、建设、运营、维护的全生命周期整体优化，提升环境服务质量和降低成本。

3. 建立多元付费机制。建立健全环境治理和生态保护项目绩效评价体系，强化环保项目全周期绩效管理。研究制定环境PPP项目按效付费办法，建立受益者付费、政府付费、政府和受益者混合付费机制。地方政府应及时、足额支付环境服务费用。

4. 强化监督和行业自律。在市政公用基础设施领域，进一步完善行业监管机制，重点对运营成本、服务效率、产品质量进行监审，研究探索中标价格跟踪披露机制。推动行业商（协）会开展行业自律，建立行业内企业黑红名单制度，鼓励行业内企业依法相互监督。开展同业信用等级评价，发布建设投资和运营成本参考标准，有效遏制恶性竞争。

在强化体制机制改革和创新方面：

1. 改革资源产权制度和环境管理体制。深化集体林权制度改革，放活林地经营权，采取财政奖补等措施，示范和引导林地适度规模经营，推进农户承包林地集中连片经营。加快国有林场和国有林区改革，推进政、事、企分开，完善以购买服务为主的公益林管护机制。加强草原和湿地保护，防沙治沙，水土保持，加快建立生态保护补偿机制。积极探索生态建设和保护与资源开发、旅游景观开发、生态养殖、林下经济、乳品产业、沙产业等融合发展模式。改革环境管理体制，建立环境质量分级管理体制，探索建立跨地区环保机构。整合完善现有环境管理制度，加快建立统一公平、覆盖所有固定污染源的企业排放许可制。

2. 实施污水垃圾处理设施运营体制改革。事业性经营单位要加快事转企改制步伐，在清产核资、明晰产权的基础上，按《公司法》逐步改制成独立的企业法人。现有国有污水垃圾处理企业要加强内部管理，严控运营成本，提高服务效率。2020年年底前，县以上污水垃圾处理设施运营管理单位的企业化改革基本完成，全面形成市场化的污水垃圾处理设施运营管理体制。在县域范围内，探索对城乡污水垃圾处理和供水项目进行捆绑，实施统一招标、建设和运营。

在开展国有资本投资公司试点方面：

1. 改组成立环境治理和生态保护领域的国有资本投资公司。以现有环境治理和生态保护领域的优势中央企业为基础，探索改组

2014年3月19日，江铜德兴铜矿工业污水处理站生产场景。

设立具有核心竞争力的国有资本投资公司。以国有资本投资公司为平台，推进国有资产重组整合、股权多元化，发挥国有企业技术优势，提高国有资本的整体功能和效率。

2. 推进国有资本开展混合所有制改革。按业务属性和市场竞争程度，分类推进国有资本和各类资本股权合作，广泛吸引各类非国有资本进入。鼓励在项目层面开展混合所有制，在确保国家对战略性资源具有控制力的基础上，引导非国有资本参与环境治理和生态保护项目建设，增强国有资本的带动力和放大功能。对于新兴治理领域、人才资本和技术要素贡献高的混合所有制企业，稳妥推进员工持股试点工作。

3. 完善国有资本经营预算制度和国企考核制度。将环境治理和生态保护作为国有资本经营预算支持的重点领域，稳步提高投入比例。差别化设置国有资本投资公司上缴收益比例。完善国有企业分类考核，加大对企业节能、环保的考核力度，构建社会效益与经济效益相结合的考核体系。

在加强宣传教育、推进国际合作方面：

1. 提高全民意识，强化公众舆论监督。把生态文明教育作为素质教育的重要内容，纳入国民教育体系和干部教育培训体系。开展形式多样的宣传活动，提高全民生态环保意识。充分发挥新闻媒体、民间组织和志愿者作用，报道先进典型，曝光反面事例，推动市场主体履行环境治理和生态保护责任和义务。对污染环境、破坏生态的行为，鼓励有关组织提起环境公益诉讼。

2.推进国际交流与合作。加强与各国在环境治理和生态保护领域的对话交流，鼓励国外先进环保企业来华投资，鼓励环保企业参加各类双边或多边环保论坛、展览及贸易投资促进活动，跟踪引进先进环保技术，借鉴国际先进管理经验，不断提高自身实力和水平。

3.推动环保企业走出去。培育国际化的环保企业，鼓励有实力的企业抓住机遇，通过海外并购实现跨越式发展。实施绿色援助，结合受援国需要和我国援助能力，积极安排公共环境基础设施、污染防治设施建设等环保项目，支持有条件的企业出口成套环保设备，承揽境外各类环保工程和服务项目。结合"一带一路"建设，鼓励环保企业参与沿线国家的环境基础设施建设，努力打造中国的绿色名片。

八、完善生态文明绩效评价考核和责任追究制度

经济社会发展考核评价是中国政府推动决策落实、明确目标责任、整合发展资源、提高工作效率的有效机制。以科学、客观、明确、完善的指标体系对经济社会发展进行考核评价，建立这种工作机制发挥了最大效率。中国对经济社会发展现有评价指标尚不完备，其明显缺陷主要体现在：评价指标过于偏重经济总量和增长速度，不能全面反映经济增长的全部社会成本、经济增长方式的适宜程度以及为此付出的资源环境代价，不能全面反映经济增长的效率、效益和质量，不能全面反映社会财富的总积累以及社会福利的动态变化，不能有效衡量社会分配的公平性和不同社会群体享受基本公共服务的均衡性。

中共十八大后，针对这些弊端和缺陷，中国改变了以往仅侧重考核GDP经济指标的做法，在现有基础上，加快了系统完整的生态文明制度体系建设，引导、规范和约束各类开发、利用、保护自然

资源的行为，用制度保护生态环境。中共十九大提出要"统筹山水林田湖草系统治理，实行最严格的生态环境保护制度"。完善包括经济、社会、生态和人的全面发展在内的评价指标体系，将资源消耗、环境损害、生态效益纳入其中，以此来引导正确的行为选择和价值取向，努力把生态文明建设融入经济建设、政治建设、文化建设、社会建设各方面和全过程，实现经济效益、社会效益、资源环境效益的有机统一。

有不少学者建言献策，倡议建立责任追究制度，保持生态文明建设的持久性。建立领导干部任期生态文明建设责任制，完善节能减排目标责任考核及问责制度，实行领导干部环境保护责任离任审计。建立体现生态文明要求的目标体系、考核办法、奖惩机制。把资源消耗、环境损害、生态效益等指标纳入经济社会发展综合评价体系，大幅增加考核权重，强化指标约束，不唯经济增长论英雄。严格责任追究，对违背科学发展要求、造成资源环境生态严重破坏的要记录在案，实行终身追责，不得转任重要职务或提拔使用，已经调离的也要问责。对推动生态文明建设工作不力的，要及时诫勉谈话；对不顾资源和生态环境盲目决策、造成严重后果的，要严肃追究有关人员的领导责任；对履职不力、监管不严、失职渎职的，要依纪依法追究有关人员的监管责任。

2015年7月，中央全面深化改革领导小组第十四次会议审议通

2016年5月3日，中央环境保护督察组向河北省委、省政府进行了督察情况反馈。

过《环境保护督察方案（试行）》，明确指出要将环境问题突出、重大环境事件频发、环境保护责任落实不力的地方作为先期督察对象。同时，这个方案首次提出了环境保护"党政同责"和"一岗双责"，这意味着地方党委将与政府一道接受监督，督察结果将作为领导干部考核评价任免的重要依据。2016年1月，中央环保督察试点在河北展开，短短1个月的进驻时间，问责力度之大令人瞠目：共办结31批2856件环境问题举报，关停取缔非法企业200家，拘留123人，并对26位省级领导进行了个别谈话，其中包括省委书记和省长。

2016年7月中旬，第一批中央环保督察组"多点开花"进驻内蒙古、黑龙江、江苏、江西、河南、广西、云南、宁夏8省区，一场大规模、高强度的"环保风暴"才真正席卷而来。中央环保督察组由环保部牵头成立，中纪委、中组部的相关领导参加，是代表中共中央和国务院对各省（自治区、直辖市）党委和政府及其有关部门开展的环境保护督察。据统计，已有超100人因破坏生态和污染环境被刑事拘留，8省区罚款总额或可过亿元，8省区党政部门2000多人被问责，多数被给予党纪政纪处分。

因环保数据造假受到刑事处罚的第一案也震惊中国。2016年3月，西安长安区、阎良区环境监测站涉嫌数据造假的行为被有关部门注意到。当时，中国环境监测总站在例行数据审核时，发现西安市长安区环境空气自动监测站当日PM10数据明显降低。运维单位在对该站进行颗粒物流量检查时，发现仪器采样口进气孔被棉纱堵塞，同时发现有人员在未经许可情况下进入站房。此后，经过环境保护部有关专家组飞行检查取证后，案件被移交公安机关。2016年3月下旬，包括时任西安市环保局长安分局局长，长安分局环境监测站站长、副站长在内的5人被西安市公安局依法刑事拘留。

6月16日，陕西省西安市中级人民法院就7名被告人破坏计算机信息系统两案予以公开宣判。针对这些人为完成个人职务考核指标，多次干扰国控监测子站空气采样，使计算机信息系统不能客观反映真实空气质量状况，造成监测数据严重失真，7人行为均构成破坏计算机信息系统罪，分别判处一年三个月至一年七个月有期徒刑。

这起案件是用法治的力量保证环境监测数据的全面、准确、客观、真实，为环境治理提供更科学、有效的依据，用法治的力量守护绿水青山，让弄虚作假、挑衅法律的人受到应有的制裁。这起案件不仅是一堂法治公开课，更是一堂环保公开课，以实际行动维护了《中华人民共和国环境保护法》《最高人民法院、最高人民检察院关于办理环境污染刑事案件适用法律若干问题的解释》和《环境监测数据弄虚作假行为判定及处理办法》的威严，强化了环境保护公职人员的法律意识和职业道德意识。

该案件之后，为了杜绝西安环境监测数据造假案的再次发生，中国环境保护部加快推进环境监测体制的改革，按照"谁考核、谁监测"的原则，推进完成国家控制环境监测站点监测的事权，从体制上保障监测数据免受行政干预，完善了环境监测数据收集工作机制。

中国还开展了《固体废物污染环境防治法》等法律的专项执法检查，以震慑违犯环境治理法律的行为。2017年5月22日，中共中央政治局常委、全国人大常委会委员长张德江主持召开全国人大常委会固体废物污染环境防治法执法检查组第一次全体会议。他强调，要扎实开展固体废物污染环境防治法执法检查，深入推进环境保护和污染防治工作，加快实现生态环境全面改善。这是贯彻中共中央关于推进生态文明建设重大决策部署的重要举措。1996年实施的《固体废物污染环境防治法》是环境保护领域的一部重要法律，对于保障人体健康、维护生态安全、促进经济社会可持续发展具有重要意义。全国人大常委会开展的执法检查工作，是坚持正确监督、有效监督，建立政府官员考评体系的重要内容。通过执法检查，开展宣传普及法律，增强全社会节约资源、保护环境的法治意识和道德意识，推动法律贯彻落实，推进固体废物减量化、无害化、资源化；并督促"一府两院"依法履行环境保护法定职责，加强对固体废物污染防治工作的监督管理，依法严厉打击固体废物污染环境的违法犯罪行为。此举有利于总结法律实施经验，注重发现固体废物污染防治工作中不适应、不协调等问题，促进环境保护法律制度更加符合国家的经济社会发展需求。张德江在讲话中还强调，要以此次执法检查为契机，进一步加强和改进固体废物污染防治工作，实现环境效益、社会效益、经济效益相统一，建设天蓝、地绿、水清的美丽中国。全国人大常委会始终把加强环境保护和生态文明建设作为履职尽责的重点方向，坚持用严格的法律制度保护生态环境，加强环境保护立法，抓住人民群众反映强烈的突出环境问题，持续深入开展监督，全面推进生态文明建设法治化、制度化。

　　建立发展成果考核评价体系决定着各级政府的行为导向，对加快转变经济发展方式、推动结构调整、促进科学发展关系重大。中共中央明确提出了完善发展成果考核评价体系的改革任务，表明中国共产党对国家发展的认识更全面、更深刻，增强了用制度建设促进经济社会可持续发展的自觉性，坚持用制度引导和保证宏观调控的有效性。

　　综上可见，中国政府在生态文明建设的新形势下，加快了国家自然生态环境系统和自然资源保护的制度建设，从中央到地方正在不断制定完善的自然生态环境系统和自然资源保护的法律体系。

第四章　践行绿色发展的成效
——"保护生态环境就是保护生产力"

中共十九大对中国大力推进生态环境保护取得的显著成效进行了总结：一是全党全国贯彻绿色发展理念的自觉性和主动性显著增强；二是生态文明制度体系加快形成；三是全面节约资源有效推进，能源资源消耗强度大幅下降；四是重大生态保护和修复工程进展顺利，森林覆盖率持续提高；五是生态环境治理明显加强；六是引导应对气候变化国际合作，成为全球生态文明建设的重要参与者、贡献者、引领者。在生态环境保护的具体数据方面，《国民经济和社会发展第十二个五年规划纲要》确定的环境约束性指标均如期完成，在2015年，全国化学需氧量、二氧化硫、氨氮、氮氧化物排放总量与2010年同比分别下降12.9%、18%、13%、18.6%；森林覆盖率由2010年的20.36%提高到21.66%，森林蓄积量增加到151亿立方米。2015年《政府工作报告》确定的主要污染物减排年度目标超额完成，成效卓著。

一、全力加强污染治理，环境质量有所改善

从世界环境历史看，西方发达国家的环境问题是在一二百年工业化发展过程中逐步显现的。而中国的工业化进程总体上走的是压缩型、追赶型道路，用几十年的时间走了老牌工业化国家二三百年的工业化历程，因此环境问题也在短期内集中爆发。对比发达国家的发展历程，中国在相同发展阶段面临的环境问题要远远复杂得多。加之中国是世界第一人口大国，十几亿人口的现代化进程在世界历史上是前所未有的，因此中国污染治理和环境质量改善任务十分艰巨，难度可以说是在人类历史上前所未有。以细颗粒物（PM2.5）治理为例，中国是世界上第一个提出综合治理PM2.5的发展中国家。2011年，中国提出要控制PM2.5，当时中国的人均GDP为5400美元，而中国是以煤为主的能源结构，能源消费中煤炭占68.4%，工业能耗占70%左右，因此PM2.5治理难度很大。相比之下，美国在1996年提出要对PM2.5进行控制，当时美国的人均GDP

达到2.8万美元，煤炭、工业能耗占比分别为20%、7%左右，两国能源和经济发展阶段差距较大，中国治理的复杂性和难度可想而知。

环境污染问题主要涉及大气、土壤和水等三个方面，2013年以来，国务院相继发布实施《大气污染防治行动计划》（以下称《大气十条》）、《水污染防治行动计划》（以下称《水十条》）和《土壤污染防治行动计划》（以下称《土十条》），以坚定的决心和扎实的行动全力推进环境治理。《大气十条》明确了2017年及今后更长一段时间内空气质量改善的目标，提出综合治理、产业转型升级、加快技术创新、调整能源结构、严格依法监管等10条35项综合治理措施，重点治理细颗粒物（PM2.5）和可吸入颗粒物（PM10）。《水十条》按照"节水优先、空间均衡、系统治理、两手发力"原则，确定了全面控制污染物排放、推动经济结构转型升级、着力节约保护水资源、强化科技支撑、充分发挥市场机制作用、严格环境执法监管、切实加强水环境管理、全力保障水生态环境安全、明确和落实各方责任、强化公众参与和社会监督等10个方面238项措施。《土十条》以改善土壤环境质量为核心，以保障农产品质量和人居环境安全为出发点，坚持预防为主、保护优先、风险管控，突出重点区域、行业和污染物，实施分类别、分用途、分阶段治理，严控新增污染、逐步减少存量，形成政府主导、企业担责、公众参与、社会监督的土壤污染防治体系，提出10个方面231项措施。

中国的环境设施能力显著增强，推进力度和取得成效在世界上前所未有。截至2015年年底，全国城市污水处理厂处理能力1.4亿立方米／日，全年累计处理污水量达410.3亿立方米，全国城市污水处理率达到91.97%，中国已成为全世界污水处理能力最大的国家之一。中国建成了发展中国家最大的环境空气质量监测网，全国338个地级及以上城市全部具备PM2.5等六项指标监测能力。深化农村环保"以奖促治"政策措施。截至2015年年底，中央财政

　　2015年8月14日，牡丹江市污水处理二期工程经过10个多月的运行，状态良好，水厂环境建设已经接近尾声，污泥浊水经过氧化沉淀，进入沉淀二池，变成了清清的净水涓涓流淌，倒映着蓝天白云，格外惹眼。

共安排农村环保专项资金315亿元，支持7.8万个村庄开展环境综合整治，1.4亿农村人口直接受益。安装脱硫设施的煤电机组由5.8亿千瓦增加到8.9亿千瓦，安装率由83%增加到99%以上。安装脱硝设施的煤电机组由0.8亿千瓦增加到8.3亿千瓦，安装率由12%增加到92%。

从环境要素看，与2014年相比，2015年全国城市空气质量总体趋好，首批实施新环境空气质量标准的74个城市PM2.5平均浓度比2014年下降14.1%。全国河流劣Ⅴ类断面比例大幅减少，由2001年的44%降到2014年的8.8%，降幅达80%。建立全国城市集中式饮用水水源环境状况年度评估机制，实施水源地水质监测实施方案，组

河南省滑县高度重视大气污染防治工作，经过治理已取得显著成效。图为滑县道口镇，在湛蓝天空的映衬下，十分美丽。

织开展针对地表水环境质量标准规定的109项指标全分析。2015年，338个地级以上城市开展了集中式饮用水水源地水质监测，取水总量为355.43亿吨，达标取水量为345.06亿吨，占97.1%。2014年，全国五种重点重金属污染物（铅、汞、镉、铬和类金属砷）排放总量比2007年下降五分之一，重金属污染事件由2010—2011年的每年10余起下降到2012—2015年的平均每年不到3起。全国堆存长达数十年的670万吨历史遗留铬渣处置完毕。

从生态状况看，中国把生态系统保护作为一项重要战略任务，成立了生物多样性保护国家委员会，发布了《中国生物多样性保护战略与行动计划（2011—2030年）》，启动了"联合国生物多样性十年中国行动"。大力实施天然林资源保护、退耕还林、退牧还草等生态修复工程。天然林资源保护工程投资达3600多亿元，约105万平方公里的天然林得到有效保护。全国已建立自然保护区2740个，总面积147万平方公里，位居世界第二，仅次于美国。自然保护区陆地面积占国土面积的14.8%，高于12.7%的世界平均水平。85%的陆地生态系统类型和野生动植物得到有效保护，部分珍稀濒危物种种群逐步恢复。大熊猫野生种群数量达到1800多只，受威胁等级从"濒危"降为"易危"；朱鹮野生种群从发现时的7只恢复至近2000只，从"极危"降为"濒危"。

上述环境质量改善效果的取得来之不易，中国政府付出了艰巨的努力。以大气环境为例，2016年，中国工程院组织50余位相关领域院士和专家，对《大气十条》进行中期评估。评估认为，《大气十条》确定的治污思路和方向正确，执行和保障措施得力，空气质量改善成效已经显现，《大气十条》实施以来，全国城市空气质量总体改善，PM2.5、PM10、二氧化氮（NO_2）、二氧化硫（SO_2）和一氧化碳（CO）年均浓度和超标率均逐年下降，大多数城市重污染天数减少。

典型案例：兰州市加强大气污染防治　全面改善大气环境质量

兰州市位于中国西部，是甘肃省的省会。受"两山夹一河"（南有兰山、北有白塔山，中间是黄河）、冬季无风等不利气象条件和产业结构以重化工为主的城市环境"先天不足"影响，兰州多年受大气污染困扰。从2003年国家正式公布重点监控城市大气污染指数以来，按优良天数排名，兰州市多年都排在全国后三位，特别是2009年，排在全国省会城市最后一位。2011年冬季连续多日出现五级以上重度污染。兰州市民曾经戏谑："晴天和阴天一个样，太阳和月亮一个样，鼻孔和烟囱一个样，麻雀和乌鸦一个样。"

2013年以来，兰州市委市政府把治理大气污染作为头号工程，层层签订责任书，向社会作出明确承诺，打起了整体战攻坚战，实施环境立法、工业减排、燃煤减量、机动车尾气达标、扬尘管控、林业生态、清新空气和环境监管能力提升等八大治污工程，形成了全民动员、全员参与的社会化治污大格局和决策、安排、落实、督查、反馈、再决策的闭环工作机制，促进了具有兰州特色的治污新机制的形成。研究制定了"1+5"的治理规划："1"就是一个总体实施意见；"5"就是工业、燃煤、机动车尾气、二次扬尘和生态增容减污5个专项治理方案，重点采取了减排、压煤、除尘、控车、增容的综合措施。

在污染最严重的冬季采暖期，从"关""管""控""罚"等方面强化治理手段，对主要污染源和重点污染企业加大监管力度。仅就"关"而言，指对高排放工业企业实行停产减排，2014年和2015年"冬防"期间，分别对194家砖瓦、216家铸造等企业实行了停产减排措施。

在此基础上，空气质量逐年持续改善。2014年，空气质量优良天数比2012年增加71天。2015年，优良天数252天，占全年总天数比例达69%，同比2014年增加5天，比2013年增加59天；2015年重度及以上污染天数3天，同比2014年减少4天，比2013年减少14天，且全年重污染天气均为外来沙尘天气影响所致。

大气污染治理为广大群众带来了显著的健康效益，心肺之病逐步消除。据甘肃省和兰州市卫生疾控部门统计，2010年到2015年冬季采暖期，全市城乡居民呼吸系统疾病就诊病例逐年持续下降，且就医费用累计减少了61.76%。2015年12月，兰州作为全国唯一的非低碳试点城市应邀参加巴黎世界气候大会，并荣获"今日变革进步奖"。

二、生态文明法治建设不断加强

　　2014年以来，中国先后修订了《环境保护法》《大气污染防治法》《环境影响评价法》等环境领域的重要国家法律。以2014年修订、自2015年1月1日起实施的《环境保护法》为例，这是该法自

　　兰州市以举办国际马拉松赛为契机，把马拉松赛事和城市建设结合起来，加快治理交通拥堵、环境污染等"城市病"，积极创建文明城市，提升城市形象品位。图为航拍的2017年兰州国际马拉松比赛场地。

1989年公布实施后的首次修订。作为环境领域的基础性、综合性法律，新修订的《环境保护法》取得诸多突破和创新，如将"环境保护同经济建设和社会发展相协调"修改为"经济社会发展与环境保护相协调"，这样的修改凸显了环境保护和经济社会发展之间的主要和从属关系。此外，还明确规定"地方各级人民政府应当对本行政区域内的环境质量负责"，确立了损害者担责原则，建立起环境公益诉讼制度，规定了按日计罚制度，等等。社会各界对新修订的《环境保护法》给予积极评价。

典型案例：中国的规划环境影响评价制度

环境影响评价是世界各国通行的一项环境管理制度。中国自20世纪70年代引入这项制度，但主要实施的是对具体建设项目的环境影响评价制度。

规划是中国各级政府履行经济调控和社会管理职责的重要手段。对规划开展环境影响评价，分析预测规划实施后可能造成的环境影响，提出相应对策措施，可以从决策源头上防治环境污染和生态破坏。

2003年9月1日起实施的《环境影响评价法》正式确立了规划的环境影响评价制度，规定对有关开发利用规划必须开展环境影响评价。2009年，国务院颁布《规划环境影响评价条例》，细化了具体实施要求。2014年新修订的《环境保护法》规定"未依法进行环境影响评价的开发利用规划，不得组织实施"。2016年修改的《环境影响评价法》进一步强化了规划环境影响评价制度。从国际上来看，用法律明确规定规划环境影响评价制度，并细化其具体要求，中国在大国制度建设和实践中走在前列。

"十二五"期间，在国家层面开展360多项规划环评，取得了明显成效。如沿海港口避让各级自然保护区34处，取消敏感岸线开发173公里，削减围填海面积224平方公里；水电开发减少25个梯级布设，多保留1170多公里天然河段，天然河段保留率提高了30个百分点；内河高等级航道建设取消或调整了位于54处自然保护区、饮用水水源保护区等敏感目标内的航道建设内容，为长远发展留下了不可替代的自然生态资源。

中国的环境司法同样也取得了重大进展。最高人民法院、最高人民检察院《关于办理环境污染刑事案件适用法律若干问题的解释》，明确了环境污染犯罪的定罪标准，降低了入刑门槛。最高人民法院出台审理环境民事公益诉讼案件、环境侵权责任纠纷案件适用法律若干问题解释。国家环境保护部会同公安部联合发布《关于加强环境保护与公安部门执法衔接配合工作的意见》，进一步明确环保部门在涉嫌环境犯罪案件办理中的发现、查处、移送以及后续协调作用，明确案件移送的职责、时限、程度和监督等要求。

典型案例：江苏"天价"环保公益诉讼案

2014年，泰州市环保联合会作为原告向江苏省泰州市中级人民法院提起诉讼称，2012年1月至2013年2月，泰兴锦汇化工有限公司（以下简称锦汇公司）等6家企业将生产过程中产生的危险废物废盐酸、废硫酸总计2.5万余吨，交给无危险废物处理资质的企业偷排进泰兴市如泰运河、泰州市高港区古马干河中，导致水体严重污染。泰州市环保联合会诉请法院判令6家企业赔偿环境修复费1.6亿余元、鉴定评估费用10万元。泰州市中级人民法院一审判决，6家公司在判决生效后9个月内赔偿环境修复费用共计160,666,745.11元，并在判决生效后十日内给付泰州市环保联合会已支付的鉴定评估费用10万元。这起案件索赔数额之高，成为迄今为止全国环保公益诉讼中赔付额最高的案件。一审判决后，被指造成污染的其中4家公司不服，向江苏省高院提出了上诉。

2014年12月4日，江苏省高院组建资源环保审判庭后，把泰州这起1.6亿余元的环保天价索赔上诉案作为资源环保庭的第一案开审。江苏省高院作出判决，维持了1.6亿余元的总赔偿额的判决结果，并明确了6家公司的分担比例。

锦汇公司不服二审判决，于2015年5月8日向最高人民法院申请再审。最高人民法院于2015年5月18日立案并组成五人合议庭对本案进行再审审查。2016年1月21日下午，最高人民法院在本院第一法庭公开开庭，就再审申请人锦汇公司与被申请人泰州市环保联合会等环境污染侵权赔偿纠纷一案进行询问，并当庭裁定驳回锦汇公司的再审申请。该案是最高人民法院再审审查的首例环境民事公益诉讼纠纷。

此案由民间环保组织提起诉讼，法院终审判决被告承担巨额赔偿，引起社会广泛关注，成为中国环境公益诉讼的经典案例。

中国环境保护的法治建设成效也十分明显。2015年，国家环境保护部对33个市（区）开展环境保护综合督查，公开约谈河北沧州、山东临沂、江苏无锡等15个市级政府主要负责同志，推动地方政府落实环境保护责任；各地对163个市开展综合督查，对31个市进行约谈、20个市（县）实施区域环评限批、176个问题挂牌督办。全年全国实施按日连续处罚、查封扣押、限产停产8000多件，移送行政拘留案件2000多件，移送涉嫌环境污染犯罪案件1600多件。各级环保部门罚款42.5亿元，比2014年增长三分之一以上。开展环境保护大检查，全国共检查企业177万家（次），查处各类违法企业19.1

万家，责令关停取缔两万家、停产3.4万家、限期改正8.9万家。这是以往环境保护部门执法力度和强制手段不足的情况下不可能发生的。但近年来，环境保护部被授以相应的执法检查和处置权，在检查和执法力度不断加强的压力之下，全国各地逐步建立完善"一企一档"，将近30万家企业完成建档工作。

典型案例：山东临沂被约谈后着力强化环境保护法定责任

根据《环境保护部约谈暂行办法》，约谈是指环境保护部约见未履行环境保护职责或履行职责不到位的地方政府及其相关部门有关负责人，依法进行告诫谈话、指出相关问题、提出整改要求并督促整改到位的一种行政措施。其依据是《国务院关于加强环境保护重点工作的意见》《国务院关于印发大气污染防治行动计划的通知》和《国务院办公厅关于转发环境保护部"十二五"主要污染物总量减排考核办法的通知》等文件，主要目的是督促地方政府及其有关部门切实履行环境保护的法定责任。

山东省临沂市在过去一段时间，由于发展方式粗放，各种污染物排放量大，大气污染非常严重。2014年，临沂市二氧化硫、氮氧化物、烟粉尘排放量分别占山东省6.8%、7.6%、11.7%。2015年2月，环境保护部公开约谈临沂市政府主要负责同志，明确提出临沂市在环境质量改善与人民群众的需求之间有不小的差距，要求市政府与有关部门应抓住新《环境保护法》实施的契机，汲取教训，加强环境监管执法，强化综合整治，加快解决影响科学发展和损害群众健康的突出环境问题。

被约谈后，临沂成立以市长为组长的大气污染防治攻坚领导小组，对多年来超标排污、环境治理不到位的57家企业实施停产治理，对412家企业依法限期限产治理；制定中心城区工业企业"退城进园"方案，倒逼污染行业转方式调结构；同时要求各县区政府建立帮扶小组，扶持指导企业转型。经过治理，临沂市大气环境质量改善明显。2015年，临沂PM2.5、PM10、二氧化硫、二氧化氮浓度同比分别下降17.4%、17.1%、40%和17.2%，改善幅度分居全省第一、第一、第一和第三位，空气优良天数增加53天；空气质量综合指数居全省第七位、改善幅度居第一位；获省生态补偿金1471万元，居全省第一位。

典型案例：江苏泰兴严格环境执法监管

江苏省泰兴市铁腕治污、敢于执法、善于执法，成为全国先进典型。

"查处联动全方位"是泰兴环境执法的特点。泰兴市委、市政府要求，对被环保部门责令停产企业，供电、供水、银行等部门要同步采取断电、断水、断贷等措施，合力打击环境违法行为。近5年来，泰兴市先后淘汰31家较大规模企业的生产设备700多台（套），取缔关闭污染严重的化工企业112家，先后对33家企业实施断电、断水等措施，确保停产执行到位。

泰兴市环保局联合法院、检察院、公安局、法制办出台《关于建立环境执法联动工作机制的意见》，在全省率先与公安局、检察院联合成立环保联动执法室，公安局2人、检察院1人常驻环保局办公，重大案件联合行动、联合查处，为涉嫌环境污染犯罪案件快移、快诉奠定坚实基础。2013年以来，先后移送13起案件，刑事追究14人。"三个常态化"（夜查常态化、约谈常态化、"双随机"常态化），是针对环境监管全覆盖要求和违法排污全时空特点，使监管关口前移，监管网络织密，执法威慑增强。以夜查为例，从2013年7月起，泰兴市环保局建立每天夜查制度，春节、中秋等法定假日从不间断。2013年以来，共出动执法人员4500余人次，检查企业6000余厂次，对企业形成强大威慑。仅2015年，就查处环境违法行为220多起，责令60家企业整改，并向公安机关移送3件环境污染案。

让"国家排放标准"与"百姓认可标准"都达标，这也是泰兴衡量环境执法成效的一把尺子。昇科化工有限公司多次被群众投诉反映厂区周边有异味，环保部门协调企业投资6000万元对生产和治理设备实施改造。整治结束后，环保部门邀请群众代表、网民代表、行风监督员等参与验收，整治的成效完全由群众评判。

泰兴市环境执法非但没有阻碍经济发展，反而为经济发展增添了持久动力。2015年，泰兴市经济开发区实施亿元以上重大项目69个，完成产业投资198亿元，跻身全国380多家化工园区第八位。2016年上半年，全市一般公共预算收入增长19.1%，在全省42个县市中增幅排名第一。

三、绿色经济、循环经济和低碳经济快速发展

绿色经济是以市场为导向、以传统产业经济为基础、以经济与环境的和谐为目的而发展起来的一种新的经济形式。近年来，中国积极推进绿色金融，加快淘汰落后产能，推进传统产业升级改造。2016年9月，在杭州举行的G20峰会上，经东道主中国的倡导，绿色金融首次进入G20峰会议程，成为世界瞩目的焦点。G20公报中的第21小节，专门围绕绿色金融总结了本次会议所取得的一系列共识——为支持在环境可持续前提下的全球发展，有必要扩大绿色投融资，公报还明确了发展绿色金融的可行路径。

2014年，中国发布了《企业环境信用评价办法（试行）》。企业环境信用评价是指环保部门根据企业环境行为信息，按照规定的指标、方法和程序，对企业遵守环保法律法规、履行环保社会责任等方面的实际表现，进行环境信用评价，确定其信用等级，并向社会公开，供公众监督和有关部门、金融等机构应用的环境管理手

段。这项制度的实施，可以帮助银行等市场主体了解企业的环境信用和环境风险，作为其审查信贷等商业决策的重要参考；同时，相关方面在行政许可、公共采购、评先创优、金融支持、资质等级评定、安排和拨付有关财政补贴专项资金中，可以充分应用企业环境信用评价结果。

中国是全球仅有的三个建立了绿色信贷指标体系的经济体之一。近年来，银监会和其他相关部门出台了一系列文件推动绿色信贷，绿色信贷已经占到全部信贷余额的8%左右，总体上看进程比较顺利。截至2015年12月末，仅兴业银行就累计为众多节能环保企业或项目提供绿色信贷融资8000亿元，绿色信贷融资余额达到3942亿元；绿色信贷客户数保持稳定快速增长，绿色金融客户数达到6030户，较年初新增2796户。

开展环境污染强制责任保险试点。2013年，环境保护部、中国保监会联合发布《关于开展环境污染强制责任保险试点工作的指导意见》。2015年实施的新《环境保护法》规定鼓励投保环境污染责任保险，为探索环境污染强制责任保险落地提供了政策和法律依据。目前，试点已涉及重金属、石化、危险化学品、危险废物处置、电力、医药、印染等多个领域。保险经济补偿作用初步显现。2015年，中国环境污染责任保险签单数量1.4万单，同比增长5.27%；签单保费2.8亿元，同比增长14.01%；提供风险保障244.21

亿元，同比增长7.52%。

在长期实践探索的基础上，经国务院同意，2016年8月，中国人民银行、财政部等七部委联合印发了《关于构建绿色金融体系的指导意见》（以下简称《意见》）。随着该《意见》的出台和实施，中国可望成为全球首个建立了比较完整的绿色金融政策体系的经济体。

中国将化解产能过剩作为供给侧结构性改革的重要内容。2013年以来，有关部门从各方面出台了一系列政策法规，引导企业化解产能过剩。以钢铁为例，2016年2月，国务院印发了《关于钢铁行业化解过剩产能实现脱困发展的意见》，对于化解钢铁过剩产能作了全面部署，明确要求要在"十二五"淘汰落后钢铁产能的基础上，未来五年再压减粗钢产能1亿到1.5亿吨，2016年要压减粗钢产能4500万吨。在化解钢铁行业产能过剩时，中国将环保、节能等放在突出位置，强调要严格执行环保、能耗、质量、安全、技术等法律法规和产业政策，达不到标准要求的钢铁产能要依法依规退出。如2016年9月，钢铁煤炭行业化解过剩产能和脱困发展工作部际联席会议办公室对江苏省新沂小钢厂违法生产销售有关情况进行通报，指出该钢厂钢铁项目属违规建设，主要生产装备全部为国家明令淘汰的落后装备，环境污染问题突出，该钢厂在非法生产"地条钢"的过程中，没有有效的环保措施，对周边环境和居民身体健康产生了较为严重的危害，要求必须对违法企业彻底断水断电、拆除生产设备、清理厂房、没收生产资料、没收产品，强化问责，严肃查处和公开曝光涉案人员、企业。

在推进传统产业升级改造方面，燃煤电厂超低排放改造是中国率先推出、在国际上具有示范作用的重大举措。2015年12月，国务院常务会议决定全面实施燃煤电厂超低排放和节能改造，大幅降低发电煤耗和污染排放；在2020年前，对燃煤机组全面实施超低排放和节能改造，使所有现役电厂每千瓦时平均煤耗低于310克、新建电厂平均煤耗低于300克，对落后产能和不符合相关强制性标准要求的坚决淘汰关停，东、中部地区要提前至2017年和2018年达标。改造完成后，每年可节约原煤约1亿吨、减少二氧化碳排放1.8亿吨，电力行业主要污染物排放总量可降低60%左右，煤电机组烟气污染物排放可以达到天然气燃机标准，取得革命性进步。到2020年，中国将建成世界上最大的、在国际上具有标准引领性作用的清洁高效煤电体系。

典型案例：浙江省铅蓄电池产业以环境整治促产业升级

2011年，浙江省对铅蓄电池行业开始严格环境执法。当时面临巨大压力，一些人认为会影响GDP和就业。但浙江省坚定不移地推进整治工作，关闭淘汰铅蓄电池企业224家，淘汰率达82.1%。经过四年持续整治，不仅相关企业周边的水气环境明显改善，而且整个行业脱胎换骨转型升级成效非常明显。

如该省的长兴县，铅蓄电池企业高峰时期达到175家，成为远近闻名的"电池之乡"。但同时带来的是污染物大量排放，环境质量急剧恶化，一度让人谈"铅"色变。在环境整治中，长兴县专门出台了《长兴县蓄电池产业转型升级实施意见》，引导蓄电池产业集群集聚发展，政府投资基础设施建设7.39亿元，规划了郎山和城南两大新能源高新园区。采取一系列专项扶持政策，在税收、土地、规费、设备投入等方面扶持和鼓励保留企业原地提升或搬迁入园、关停淘汰企业转产转行。通过整治，全县蓄电池行业形成了从电池研发、生产及组装、原辅材料加工、零配件制造、销售到废旧电池回收的完整产业链，由整治前"低小散"的175家，重组提升为16家现代化企业，包括两家超百亿元龙头企业天能集团和超威集团。2016年上半年，全县蓄电池产业完成产值153.4亿元，同比增长12.2%；完成销售121.9亿元，同比增长3.95%，取得了良好的经济效益。

循环经济是指在生产、流通和消费等过程中进行的减量化、再利用、资源化活动的总称。2005年，国务院印发了《关于加快发展循环经济的若干意见》，提出推动循环经济发展的指导思想、基本原则、主要目标、重点任务和政策措施，这是中国循环经济发展史上第一个纲领性文件。2008年8月，全国人大常委会审议通过了《循环经济促进法》，明确了发展循环经济是国家经济社会发展的一项重大战略，以"减量化、再利用、资源化"为主线，作出一系列制度安排。2009年，国务院发布了《废弃电器电子产品回收处理管理条例》，在废弃电器电子产品领域建立了生产者责任延伸制。2013年，国务院印发了《循环经济发展战略及近期行动计划》，这是中

陕西省宁强县循环经济产业园区于2008年开工建设，总规划占地5平方公里，目前共有18家食品、电子等企业投产运营，年实现工业总产值26.5亿元。图为宁强万源合金有限公司的工人们正在车间检测产品。

国循环经济领域的第一个国家级专项规划。

从2005年开始，国家在省市、园区、重点行业、重点领域开展了循环经济示范试点。以2015年为例，天津市静海区、内蒙古自治区包头市、辽宁省沈阳市等61个地区被确定为当年的国家循环经济示范城市（县）建设地区。国家循环经济示范城市（县）创建，以提高资源产出率为目标，根据自身资源禀赋、产业结构和区域特点，实施大循环战略，把循环经济理念融入工业、农业和服务业发展以及城市基础设施建设。

在政府的积极推动下，循环经济取得了长足发展。国家统计局研究建立了循环经济综合评价指标体系，并据此对中国循环经济发展状况进行了测算。根据其2015年3月发布的研究报告，以2005年为基期计算，2013年中国循环经济发展指数达到137.6，平均每年提高4个点，循环经济发展成效明显。

2005—2013年循环经济发展指数

年份	循环经济发展指数	资源消耗强度指数	废物排放强度指数	废物回用率指数	污染物处置率指数
2005	100.0	100.0	100.0	100.0	100.0
2006	105.4	103.4	109.2	102.0	107.4
2007	111.9	109.5	115.6	103.7	123.2
2008	118.5	113.8	122.7	108.0	136.8

年份	循环经济发展指数	资源消耗强度指数	废物排放强度指数	废物回用率指数	污染物处置率指数
2009	123.9	116.3	129.9	112.2	146.5
2010	130.2	121.6	136.0	115.2	160.9
2011	129.2	123.8	130.0	113.9	163.7
2012	133.2	129.2	136.8	112.3	169.1
2013	137.6	134.7	146.5	108.2	174.6

典型案例：青海柴达木循环经济试验区构建循环产业雏形

青海省柴达木循环经济试验区于2005年10月列为国家首批13个循环经济试点产业园区之一，2010年3月《青海省柴达木循环经济试验区总体规划》获国务院批复。其面积25.6万平方公里，是目前全国面积最大、资源丰富、唯一布局在青藏高原少数民族地区的循环经济产业试点园区。试验区矿产资源富集，分布有丰富的石油、天然气、煤炭、湖盐、太阳能、风能等资源，现已发现矿产112种、矿产地1679处，各类矿藏具有储量大、品位高、类型全、分布集中、组合好等特点，潜在经济价值在100万亿元以上。

试验区提出构建"4+3+3"产业发展思路，即发展壮大盐湖化工、油气化工、煤化工、冶金四大基础原材料产业，大力发展特色生物、新能源、新材料三大战略新兴产业，发展信息、服务和旅游产业，推进三次产业协调发展，不断提升循环经济发展水平，已初步构建起了以盐湖化工、油气开发和多金属资源开发为主的循环经济产业雏形。

以第二产业为例，盐湖化工、油气化工、煤化工、冶金和有色金属、特色生物、新能源、新材料七大循环经济主导产业框架初步形成，海西州已成为全国最大钾肥产业基地、国家重要纯碱生产基地、中国陆上第四大主力气田、全国重要光伏发电基地。基础设施日臻完善，产业承载力不断增强。2016年4月，基于"扩大有效投资、加快转型升级"理念而引进的400个重点项目在试验区同步开复工。这400个重点项目中，没有一个是传统的资源型项目，大部分是新能源、新材料等新兴产业项目、循环经济"补链"项目和基础设施建设项目。

2016年8月，中共中央总书记、国家主席习近平在柴达木盆地听取了柴达木循环经济发展情况介绍，强调指出，发展循环经济是提高资源利用效率的必由之路，要牢固树立绿色发展理念，积极推动区内相关产业流程、技术、工艺创新，努力做到低消耗、低排放、高效益，让盐湖这一宝贵资源永续造福人民。

低碳经济是指通过技术创新、制度创新、产业转型、新能源开发等多种手段，尽可能地减少煤炭、石油等高碳能源消耗，减少温

室气体排放的一种经济发展形态。大幅度降低单位GDP碳排放是
"十二五"控制温室气体排放工作的主要目标，在《国民经济和社
会发展第十二个五年规划纲要》中提出了2015年单位国内生产总值
二氧化碳排放比2010年降低17%的目标，这一目标得到超额完成，
实际下降了20%。

从能源结构看，2015年，中国非化石能源发电总装机达到5.2亿
千瓦，较2010年增加一倍，占总装机容量的比重由2010年的27%增
加到2015年的34%。即便是在一些传统意义上的煤炭资源富集区，
新能源也得到了快速发展。如山西省风电、光伏装机容量达972万千
瓦。2015年6月，中国首个光伏"领跑者"计划示范基地正式落户大
同，规划从2015年到2017年，用3年时间建设300万千瓦光伏发电项
目。另一个重要的煤炭资源富集地区新疆同样如此，截至2015年年
底，新疆电网新能源总装机容量达到2219.2万千瓦，装机容量跃居
全国之首。其中风电装机1690.6万千瓦，同比增长110.4%；光伏装
机528.6万千瓦，同比增长62.2%。新疆已成为名副其实的国内大型
风光电基地。

自2012年以来，中国先后启动了两批共42个低碳省区和低碳城
市试点。这些试点地区的人口占全国40%左右，GDP占全国总量的
60%左右。试点城市在峰值设定、碳评估制度、碳交易等层面不断
创新举措，在第一批试点城市中，深圳和贵阳两个城市率先提出碳

排放峰值目标，而第二批低碳试点省市在实施方案中就明确提出了峰值目标或总量控制目标。北京、镇江等城市探索开展新建项目碳评估制度，苏州市开展了碳盘查行动，青岛、杭州等城市开发了碳排放管理平台。一些部门和省区也组织开展了本部门或本地的低碳试点。交通运输部从2011年开始，组织开展了低碳交通运输体系建设试点。2016年6月，浙江省公布了首批省级低碳试点创建名单，其中，衢州、嘉兴成为低碳城市试点，桐乡市河山镇成为低碳城镇试点之一。

典型案例：中国新能源汽车在追赶式发展中力图"弯道超车"

在传统汽车领域，中国与发达国家的差距较大。但在新能源汽车领域，由于世界各国大都是近年来开始注重推动发展的，因此中国和发达国家的差距不大，大体上可以说是站在同一条起跑线上，这给中国的新能源汽车产业带来了广阔的发展空间。

中国政府把新能源汽车与新一代信息技术、生物技术、绿色低碳、高端装备与材料、数字创意等并列，作为战略性新兴产业加以大力支持。2014年7月，国务院办公厅下发《关于加快新能源汽车推广应用的指导意见》，提出要加快新能源汽车的推广应用，有效缓解能源和环境压力，促进汽车产业转型升级，明确了加快充电设施建设、积极引导企业创新商业模式、推动公共服务领域率先推广应用、进一步完善政策体系等政策措施。2015年4月，财政部、科技部、工信部与发展改革委员会联合印发文件，提出在2016—2020年继续实施新能源汽车推广应用补助政策，在全国范围内开展新能源汽车推广应用工作，中央财政对购买新能源汽车给予补助，实行普惠制。

目前，中国的一线汽车企业都有自己的新能源汽车项目，并且推出了一系列的量产车型。据工信部统计，2015年，全国新能源汽车的产量达到37.9万辆，已经取代美国成为世界最大的市场。国内

2016年9月23日，河南新能源汽车展览交易会上展出的新能源汽车。

比较有代表性的是比亚迪公司，2015年遥遥领先于同行，连续8个月蝉联新能源汽车的冠军宝座，累积销量超过了6万台，成为全球新能源车销量第一。该公司在电池研发制造、充电设施的普及和高速公路充电桩建设等方面拥有核心技术，还获得了阿联酋政府颁发的2016年扎耶德未来能源奖（大企业奖），成为该奖项设立后首个获奖的中国企业。

四、科技对绿色发展的支撑作用日益强化

中国把科技创新作为提高社会生产力和综合国力的战略支撑，摆在国家发展全局的核心位置。中共中央总书记、国家主席习近平强调，要着力实施创新驱动发展战略，抓住了创新，就抓住了牵动经济社会发展全局的"牛鼻子"。转变经济发展方式，就是要由主要依靠要素驱动转为主要依靠创新驱动，由粗放型发展转为集约型发展，最根本的是依靠科技创新，科技创新是推动绿色发展、经济转型升级、提质增效的"第一动力"。

"十二五"以来，中国着力不断加大对节能环保方面的科技投入力度，推进科技创新，完善标准和技术政策体系，扩大绿色环保标准覆盖面，强化环保科技支撑。2016年8月，国务院正式印发《"十三五"国家科技创新规划》，提出发展生态环保技术、京津冀环境综合治理、水体污染的控制与治理等。

围绕水、大气、土壤、生态和环境健康等领域积极开展应用基

础研究，加强技术创新，先后突破一系列重大生态环境技术解决方案，产出了一大批科研成果，有力支撑了污染防治、生态保护和生态文明建设工作。如针对国家生态文明建设的需要，开展了生态基础研究以及重要生态功能区、资源开发区、农村地区、生态脆弱地区等生态风险评估、生态安全监控、环境监管技术、生态恢复技术等方面的研究。针对大气污染防治的需要，启动实施了《清洁空气研究计划》，重点围绕污染来源解析、清单编制、污染预报、重污染应对与调控等方面部署了一系列研究任务，发布了《大气细颗粒物来源解析技术指南（试行）》《大气细颗粒物一次源排放清单编制技术指南（试行）》等技术文件；发布了《大气污染防治先进技术汇编》，汇集了89项关键技术及130余项案例成果。科技支撑保障体系进一步夯实。节能环保高层次人才和青年科技领军人才显著增加，人才梯队逐渐形成。"十二五"以来，建设了一大批国家环境保护重点实验室和国家环境保护工程技术中心。

典型案例：水体污染控制与治理科技重大专项
实现"减负修复"阶段目标

针对突出的水污染问题，国家设立了《水体污染控制与治理科技重大专项》，是《国家中长期科学和技术发展规划纲要（2006—

2020年）》确定的16个国家科技重大专项之一。这是新中国成立以来环境领域最大的科研项目，是中国首次推出以科技创新为先导，旨在为国家水体污染控制与治理提供全面技术支撑的重大专项。

自2007年启动以来，水专项按照"一河一策""一湖一策"的战略部署，在重点流域开展大攻关、大示范，突破了石化、钢铁等重污染行业全过程控制、城市污水深度脱氮除磷、面源污染控制、流域水生态修复、饮用水安全保障等关键技术1000余项，建设科技示范工程超过500项，授权国内外专利1400余项，建成产学研开发平台和基地300余个，成立了8家产业技术创新战略联盟并服务于数百家企业，累计产值近80亿元，为《水污染防治行动计划》、海绵城市建设等国家战略的出台和实施，为国家和地方水环境管理能力提升、流域示范区水质改善和重点地区饮用水安全保障提供了有力的科技支撑。

以煤化工行业为例，煤化工废水处理与回用成套技术突破了酚油协同萃取、非均相催化臭氧氧化等核心技术，实现废水的稳定达标排放，吨水处理成本降低了15%—20%，并在鞍钢、武钢等15家大型国企成功应用，年累计处理焦化废水1500万吨。

突出标准的支撑和引领作用，进一步完善标准规范体系。"十二五"期间发布国家环保标准492项，现行有效环保标准数量达到1600多项。其中，围绕大气污染防治行动计划，发布了火电、钢铁、水泥、有色、石化等污染物排放标准；围绕水污染防治行动计划，发布了纺织染整、合成氨、炼焦、电池等污染物排放标准；围绕土壤污染物防治，发布了污染场地环境调查、监测、评估、修复系列技术导则。在节能标准方面，国务院办公厅印发了《关于加强节能标准化工作的意见》，提出到2020年，建成指标先进、符合国情的节能标准体系，主要高耗能行业实现能耗限额标准全覆盖，80%以上的能效指标达到国际先进水平，标准国际化水平明显提升。

典型案例：山东省造纸行业以严标准塑造行业标杆

造纸行业曾经是山东省的污染大户。山东省最多时有造纸企业1000多家，其中相当一部分是污染严重的麦草制浆企业，由于造纸企业排污引发的投诉、信访不断。

2003年，山东省率先发布造纸工业水污染物排放地方标准，采取逐步加严的办法，到2010年全省所有企业执行统一污染物排放标准，即化学需氧量在重点保护区执行60mg/L、一般保护区执行100mg/L，远远严于原国家标准450mg/L。

在环保高标准的压力之下，一大批产能落后、排放不达标的造纸企业倒下，但也有一批企业不断加大环保投入力度，投巨资组织科技攻关，突破制浆工艺和废水深度处理回用技术等瓶颈，促进企业转型升级。目前，山东省已是中国造纸第一强省，纸和纸板年产量占全国的15％以上，经济效益位居全国第一，但化学需氧量排放量仅占全国行业的5％左右。

2015年5月，国务院发布《中国制造2025》，把绿色制造作为核心理念之一。2016年8月，工信部等部门发布《绿色制造工程实施指南（2016—2020年）》，提出到2020年，绿色制造水平明显提升，绿色制造体系初步建立；与2015年相比，传统制造业物耗、能耗、水耗、污染物和碳排放强度显著下降，重点行业主要污染物排放强度下降20％，工业固体废物综合利用率达到73％，部分重化工业资源消耗和排放达到峰值。近年来，中国不断以科技创新引领绿色制造，推动制造业在设计、制造、物流、使用、回收、拆解与再利用等全生命周期中提高资源利用效率。

典型案例：宝山钢铁集团公司以技术进步推进绿色制造

宝山钢铁集团公司位于上海市，是一家大型钢铁联合企业。近年来，该公司瞄准低消耗、低排放、高效率、高技术含量的制造工艺方向，探索全面应用最佳可行性技术的清洁生产路径，成为中国钢铁企业绿色发展标杆企业。

在钢铁产品方面，宝钢不但考虑钢铁自身的强度、耐腐蚀性等特性，而且考虑产品中有害、有毒元素控制的情况，以及产品全生命周期中如何更有利于回收和再利用、再循环，将其作为绿色产品体系的重要指标纳入公司管理和实践。

为推进绿色制造，宝钢投入大量资源进行技术研发和应用，如焦炉烟气脱硝，就解决了世界公认的技术难题。宝钢湛江钢铁有限公司建成的世界首套焦炉烟气净化装置，在全世界处于领先地位，整套工艺流程无废水产生，脱硫副产物可由相关化工厂回收利用，符合当前环保要求和烟气治理的技术发展趋势。该装置于2015年12月正式投入运行，脱硫、脱硝效率均达95%以上，烟气二氧化硫、氮氧化物排放量分别小于30毫克/标立方米、150毫克/标立方米，各项指标满足国家《炼焦化学工业污染物排放标准》规定的特殊限制地区环保排放标准。

五、生态文明示范基地建设卓有成效

生态文明示范建设是"绿水青山就是金山银山"的生动实践。截至2015年5月，全国已有福建、浙江、辽宁、天津、海南、吉林、黑龙江、山东、安徽、江苏、河北、广西、四川、山西、河南、湖北等16个省（自治区、直辖市）开展生态省建设，1000多个市、县（区）开展生态市县建设，已有92个市、县（区）取得生态市县的阶段性成果、获得国家生态建设示范区命名，建成4596个生态乡镇，涌现了一批经济社会与生态环境协调发展的先进典型。

生态省建设强调在发展中保护、在保护中发展，使环境质量改善与经济发展相促进。河北提出经济强省、美丽河北的目标，着力优化国土开发格局，着力构建绿色循环低碳产业体系，着力建设京津冀生态环境支撑区，着力健全生态文明制度体系，着力形成生态文明时尚文化。吉林大力发展生态经济，重点发展可持续效益农业、生态林草产业、绿色车辆工业、健康产业、生态旅游产业、清

2013年10月青山江滩改造工程正式动工，按照武汉市"四水共治"的生态理念，通过改造，7.5公里长堤变身城市公园，滨江亲水景观带、滩地生态景观带和堤顶绿化景观带蜿蜒其间。

洁能源产业、环保产业以及高新技术产业等10个重点生态经济产业，实行环境保护规划项目、重点流域污染防治项目、污染减排项目、重金属污染防治项目、农村环境连片整治项目"五位一体"的项目推进模式。浙江在推进生态省建设中，先后实施"811"生态环保行动，"五水共治、治污先行"，仅"十二五"期间就消灭垃圾河6496公里，整治黑臭河5106公里，新增污水收集管网11500公里，新植树木5亿多株，化学需氧量等四种主要污染物累计减排49.5

万吨，节能4500万吨标煤，地表水Ⅲ类以上水质断面比例提高11.8个百分点，全省生态环境明显改善。辽宁对生态省建设的工作任务逐一指标化，并将考核结果纳入省政府对各市政府的年度考核。山西探索推进矿山生态环境补偿，建立矿山环境治理恢复保证金制度，为生态恢复与治理提供了重要的资金保障。

典型案例：福建持之以恒实施生态省战略取得积极成效

2000年，时任福建省省长的习近平前瞻性地提出建设"生态省"的战略构想，并于2001年亲自担任福建省生态省建设领导小组组长。2002年，福建省政府工作报告正式提出建设生态省的战略目标。2002年8月，福建成为全国首批生态省建设试点省之一。此后，《福建省生态省建设总体规划纲要》《福建生态省建设"十二五"规划》等相继出台，福建的生态省建设迅速推进。2014年4月，国务院印发《关于支持福建省深入实施生态省战略加快生态文明先行示范区建设的若干意见》，使福建省成为中共十八大以来，国务院确定的第一个全国生态文明先行示范区。2016年8月，中共中央办公厅、国务院办公厅印发《国家生态文明试验区（福建）实施方案》，标志着福建省成为全国第一个生态文明试验区。

10多年来，福建历届省委、省政府一任接着一任干，一年接着一年干，生态省建设取得积极成效。2003年，福建在全国率先启动了九龙江流域上下游生态补偿试点。2010年，在国内率先推行环保"一岗双责"。从2014年起，取消对34个生态保护县（市）的GDP考核，实行生态保护优先和农业优先的绩效考评方式。2015年，出台《重点流域生态补偿办法》，加大闽江、九龙江、敖江流域生态补偿金筹措力度，省政府每年整合筹集重点流域生态补偿金3.1亿元，比原先增加1.6倍。2016年，率先将市长环保目标责任书升级为书记、市长环保目标责任书，并与广东省签署生态补偿协议，共同出资设立汀江—韩江流域水环境补偿资金，资金额度为4亿元。

生态省建设有力地推动了生态环境保护。目前，全省12条主要河流水质达标率97.8%，Ⅰ－Ⅲ类水质比例比全国平均水平高30个百分点；森林覆盖率高达65.95%，连续多年位居全国第一；所有设区城市空气质量达标天数比例比全国平均水平高23.5个百分点。

在市县层面，积极开展生态市、生态县、海绵城市、森林城市等建设，更加突出绿色发展、绿色生活和环境质量改善、环境风险管控，探索建立一批绿色发展的示范模式。扎实推动市县的乡镇环保队伍能力建设，努力与形势和任务相适应。

典型案例：成都市着力推进生态市建设

成都市是中国西部省份四川省的省会，是国务院首批公布的24个历史文化名城之一，也是长江上游生态屏障的重要组成部分。2007年，成都市在全省率先启动了国家生态市建设工作。2014年，又成为国家首批生态文明先行示范区。

成都将生态文明建设作为全社会的共同任务，形成了"党委统一领导、政府组织实施、部门'一岗双责'、环保统一监管、社会广泛参与"的新机制。为建立大生态建设与环境保护管理格局，成都在全市317个乡镇（街道）设立了环保机构，并延伸到村（社区），建立健全了全市一体、标准一致的基层环境保护工作机制，成为全国副省级城市中第一个统一标准、全域推进、全面覆盖，环保监督网格管理全面延伸到一线的城市。

在生态环境治理方面，从2012年起，开始实施跨界断面水质超标资金扣缴制度，打开了建立流域生态补偿机制的突破口。全面夯实基础设施建设，截至2014年年底，共建247座污水处理厂，处理能力达300多万吨／日。在大气治理方面，设立了每年5亿元的大气污染防治专项资金。加快绿化建设，城市绿地率达35.69%，全市森林覆盖率达38.1%以上。目前，全市共有温江区、崇州市、蒲江县等14个县（区、市）成功创建国家生态县（区、市），实现了80%以上的县达到国家生态县建设指标，共有193个乡镇（街道）被命名为国家级生态乡镇，5个村被命名为国家级生态村。

从2001年开始，稳步推进国家生态工业示范园区建设。生态工业园区是依据循环经济理念、工业生态学原理及清洁生产要求设计建设的一种新型工业园区。全国已有108个园区获批建设国家生态工业示范园区，其中37个园区获得国家生态工业示范园区命名。相关园区的平均土地资源利用率显著提升，能源、水资源消耗强度大幅下降，资源综合利用效率处于较高水平。

典型案例：昆明经济技术开发区推进生态化发展

昆明经济技术开发区始建于1992年，2000年被国务院批准为国家级开发区，是云南省唯一集国家级经济技术开发区、国家出口加工区、国家科技兴贸创新基地和省级高新技术产业开发区于一体的多功能、综合性产业园区，目前正在创建国家生态工业园区。

开发区倡导企业推行污染物零排放、清洁生产和绿色制造，合理、节约、集约、高效开发利用土地，扎实推进生态建设。2012年起，经开区实施了《昆明经济技术开发区企业清洁生产扶持实施办法》，对企业开展清洁生产审核给予费用补助，对通过验收、清洁生产方案实施后成效显著的企业，给予表彰和奖励。建立和完善了河道综合治理长效机制，将整治范围由主干河道拓展到支流、沟渠，河道整体水质不断提升。加快绿色建筑发展，从2014年起，开发区内的新建建筑必须100%达到绿色建筑的要求。

"十二五"期间，开发区建设硕果累累，累计实现地区生产总值1132.71亿元、营业总收入5102.39亿元、工业增加值506.26亿元，分别是"十一五"的3.35倍、3.23倍、2.45倍。2016年，被确定为全国33个长江经济带国家级转型升级示范开发区之一。

面向未来，开发区提出"力争在2020年，国民经济、社会发展和绿色发展主要指标达到国内先进开发区水平，步入中国一流园区行列"。为此，将实现排污单位排放达标率、危险废物处理处置率、生活垃圾无害化处理率达到100%的"三个一百"目标，用3年左右的时间，细化生态工业链完善措施、深化区内企业在废物和能源利用方面的合作、强化项目支撑和措施保障，引导、扶持园区生态化发展，构建高质量、高速度、高效益、低污染的发展模式。

六、全社会生态文明意识显著提高

中国政府积极营造全社会关心支持和参与生态文明建设的良好氛围，依托"六·五"世界环境日、世界地球日等纪念活动，采取多种手段，加强生态环境保护宣传，引导社会舆论，推动绿色环保观念深入人心。全社会的生态文明意识显著提升，更加关注和支持生态环境保护工作，在衣食住行各个方面尊重自然、顺应自然、保护自然的思想和行动更加自觉。

不仅如此，中国政府还加快立法进程，鼓励全社会参与环境保护和生态文明建设。

环境保护部制定的《环境保护公众参与办法》（以下简称《办法》），2015年9月1日起施行，为环境保护公众参与提供了重要的制度保障，进一步明确和突出了公众参与在环境保护工作中的分量和作用。《办法》从顶层设计上统筹规划，全面指导和推进全国环境保护公众参与工作，对缓解当前环境保护工作面临的复杂形势、构建新型的公众参与环境治理模式、维护社会稳定、建设美丽中国具有积极意义。

该《办法》保障了公民、法人和其他组织获取环境信息、参与和监督环境保护的权利，畅通了参与渠道，促进了环境保护公众参与依法有序发展，适用于公民、法人和其他组织参与制定政策法规、实施行政许可或者行政处罚、监督违法行为、开展宣传教育等环境保护公共事务的活动。

该《办法》赋予公民监督权，规定了公民、法人和其他组织发现任何单位和个人有污染环境和破坏生态行为的，可以通过信函、传真、电子邮件、"12369"环保举报热线、政府网站等途径，向环境保护主管部门举报；若发现地方各级人民政府、县级以上环境保护主管部门不依法履行职责的，有权向其上级机关或者监察机关举报。该《办法》还规定要给予举报者尊重和奖励：接受举报的环境保护主管部门应当依照有关法律、法规规定调查核实举报的事项，并将调查情况和处理结果告知举报人；对保护和改善环境有显著成绩的单位和个人，依法给予奖励。

该《办法》一方面保障了人民的知情权、参与权、表达权、监督权，是权力正确运行的重要保证，另一方面也透视出社会公众对环境问题越来越多的关注，满足了公众对良好生态环境的期待和参与环境保护事务的热情。

河北省率先制定省级行政区域的《环境保护公众参与条例》，推进全民参与环保进程，保障公众对环境保护的知情权、参与权和监督权。湖南省印发《关于积极引导环保公益组织和社会公众参与环境保护工作的指导意见》，积极引导环保公益组织和社会公众多渠道、多形式广泛参与，全省已有环保公益组织百余家。贵阳市从2007年起探索环境保护"社会参与、多方共治"的模式，相继组建了30多个生态环保志愿者队伍，拥有志愿者数万名。

全国各地政府都非常重视公众参与。在2017年3月的全国人民代表大会和中国人民政治协商会议期间，全国人大代表、上海市环保局局长张全在接受采访时说，上海市将推出水污染指数APP，让公众参与到水环境治理与监督中来。2016年，安徽省蚌埠市环保执法人员根据市民举报，破获了一起跨省危险废物倾倒的环境污染案件，查获危险废物1000多吨。市环保局给予举报市民3000元的奖励。浙江省富阳市首创了环保有奖举报制度，从2000年6月开始，全市先后涌现出多名污染举报热心群众，通过暗中检查企业的排污情况，随时向环保部门举报。政府处罚企业数百家，企业治污设施的正常运转率从原来的35%提高到现在的95%，一度污浊不堪的河水重新变清了。近年来，随着公众环保意识逐渐觉醒，对生态环境的关注度越来越高，为生态文明建设工作作出了积极贡献。

与此同时，中国政府采取措施加大信息公开力度，及时公开生态文明建设的相关信息。如在环境保护方面，主动公布空气、水环境质量等环境信息，发布重点排污企业和违法排污企业名单，公布数据弄虚作假等典型环境违法案件。全面实施《建设项目环境影响评价政府信息公开指南》，实现报告书（表）全本公开、政府承诺文件公开、审批决定公开、环评机构和人员诚信信息公开。制定了《关于推进环境保护公众参与的指导意见》《环境保护公众参与办法》，拓宽了群众的参与渠道和参与范围。开通"12369"环保微信举报平台，让每一部手机都成为一个移动监控点，让每一位公众都成为一位环保监督员。仅2015年，环保微信举报平台就收到群众举报13719件。截至2016年3月，该微信公众号的关注人数已增至8.5万人，被腾讯公司评为2015年度微信最受欢迎公共服务奖。

中国政府注重引导环保社会组织健康发展，中国全境有泛生态环保类组织近6000家，登记注册的环保NGO组织近700家。NGO组织的特点之一就是它的民间性和相对于政府的独立性，作为对应于政府与市场之外的第三方，是政府部门与民众加强联系、增强沟通的一个重要桥梁和渠道。经过多年的不断成长与锻炼，民间环保组织大多逐渐趋于理性与成熟，与环境保护部门的互动已经非常频繁，政府部门支持其积极参与。随着经济体制改革和社会转型的深入，政府主导型的环境保护正面临着越来越大的压力，积极扶持、指导民间环保力量，对民间环保组织做一系列的业务支持（如法律培训、技术培训等），以提高其参与水平和能力，更加有效地参与到环境保护中来。作为保护环境的重要力量，民间环保组织的参与热情很高。政府部门也为民间环保组织提供条件，并积极加以引导，使其按照一定的方式和程序，发挥更大更积极有效的作用。

典型案例：刘德天——黑嘴鸥保护使者

黑嘴鸥是世界公认的珍稀、濒危鸟类。辽宁省盘锦市是东亚和澳大利亚鸟类迁徙路线上的重要停歇地，也是黑嘴鸥在全世界最大的繁殖地和种群栖息地，被称为"中国黑嘴鸥之乡"。刘德天，作为盘锦黑嘴鸥保护协会会长，则被誉为"黑嘴鸥之父"。

1991年，刘德天为保护黑嘴鸥，创建了"黑嘴鸥保护协会"，这是中国第一个民间环保组织。20多年来，他不畏艰苦，为宣传、保护黑嘴鸥倾注了巨大心血。他创新环境教育模式，用民间传说、绘画、摄影等18种艺术形式打造黑嘴鸥文化，其中《黑嘴鸥救罕王》（又名《吉祥鸟》）、《黑嘴鸥救凤凰》、《黑嘴鸥救渔民》三篇传说，被国务院批准为国家级非物质文化遗产。在他及其团队的不懈努力下，50万余亩黑嘴鸥栖息地得到有效保护，黑嘴鸥的数量由1990年的1200只增加到如今的8000余只，创造了民间环保组织保护濒危物种的成功案例。他当选为"2012—2013绿色中国年度人物"，在领奖台上，他说："一个人一生能做成一件事足矣，如果能成功地保护一个濒临灭绝的物种，从而坚定全世界的人们保护物种的信心，那我的目的就达到了。"

如果全社会都形成这样一个观念，21世纪将是一个生态文明的世纪。走生产发展、生活富裕、生态良好的文明发展之路，需要我们每个人的努力。我们每个人都应自觉地改变自己的生存方式，转变自己的价值观、自然观，调整自己的思维方式，变革自己的实践观和实践方式，为社会的可持续发展，为我们以及我们子孙后代的美好生活提供根本保证。

第五章　美丽中国建设与全球生态安全

——"共建生态良好的地球美好家园"

　　在中共十九大报告中,习近平提出中国要"引导应对气候变化国际合作,成为全球生态文明建设的重要参与者、贡献者、引领者","没有哪个国家能够独自应对人类面临的各种挑战,也没有哪个国家能够退回到自我封闭的孤岛"。地球的生态环境不仅为人类提供了良好的自然环境与丰富的物质供给,而且为人类寻求更高层的发展与安全提供了保障。全球生态安全是一个时代性命题,水体、土壤、生物、空气等组成的人类赖以生存的生态环境是维系社会经济发展的基础,从根本上关系到国家、民族安全和可持续发展,是其他领域安全的基础和载体,深刻影响到国家各领域安全的维护与保障。美丽中国建设是全球生态安全的重要组成部分。全球化是世界经济发展的主旋律,相伴而生的生态问题国际化趋势也日益明显,这需要全球各国共同努力建设生态良好的地球美丽家园。

一、全球生态安全面临的挑战与应对举措

工业化的迅速发展和工业文明的兴起，使整个世界发生了巨大的变化。马克思在《共产党宣言》中赞叹道："资本主义生产关系在它形成以后不到一百年的时间内所创造的生产力，超过了以往一切时代所创造的生产力的总和。"但随着人类社会工业化的进程加速，对自然资源的过度开发与消耗，污染物质的大量排放，导致全球性资源短缺、环境污染和生态破坏。人类活动严重影响着生态环境，全球气候变暖、资源匮乏、物种灭绝、生态失衡、环境污染、土地沙化、水土流失、沙尘暴……这些由于气候变化和环境破坏引发的环境灾害和生态灾难正对世界产生深刻影响。这不仅影响和改变世界政治格局，导致地区冲突和国家冲突，对国家的经济、社会生活形成了挑战，而且严重影响社会和谐与世界和平发展进程，对人类社会的安全和发展稳定构成了严重威胁。

联合国在2015年公布的《世界水资源开发报告》（以下简称

《报告》）显示，全球滥用水的情况非常严重，当今世界面临着水资源危机的共同挑战，从目前的走势来看，到2025年，全球人口的三分之二将面临水资源短缺。如果这一危机不能得到有效的解决，水资源短缺与水环境恶化不仅会使可持续发展的前景成为泡影，还可能威胁到人类的生存。预计到2030年，世界各地将面对的"全球水亏缺"（即对水的需求和补水之间的差距）可能高达40%。人类滥用水的情况非常严重，这就包括农药污染水源、工业污染、未经处理的污水污染干净水源，以及过度抽水（尤其是在用于灌溉方面）。目前有超过一半全球人口的饮用水来自地下水，20世纪地下水的利用量增长了5倍。水在粮食生产中必不可少，且农业耗水量居首位，估计约占总耗水量的70%，而灌溉农田的水也有43%来自地下水，这导致约20%的含水层面临过度抽取的危险。地下水用量还在迅速增长，干旱地区尤其如此。目前世界人口约为66亿，每年以800万的速度增长，每年增加的淡水需求量约为640亿立方米。《报告》指出，由于管理不善、资源匮乏、环境变化等原因，全球约有11亿人无法饮到安全的饮用水，26亿人缺乏基本卫生设施。水污染的范围也进一步扩大到大量可供利用的水资源，严重危害着人类的健康。《报告》呼吁世界各国就地球面临的缺水现象采取紧急行动，指出不合理、不公平地运用水不仅阻碍世界经济发展，还可能威胁地区的和平。

　　近百年来，地球上各种生物及其生态系统受到了极大的冲击，生物多样性也受到了很大的损害，全球已经出现了森林大面积消失、土地沙漠化扩展、湿地不断退化、物种加速灭绝、水土严重流失等八大生态危机。例如在中国，由于人口增长和经济发展的压力，对生物资源的不合理利用和破坏，生物多样性所遭受的损失也非常严重，近百年来已有200个左右的物种灭绝，约有5000种植物在近年内已处于濒危状态，这些约占中国高等植物总数的20%；大约还有398种脊椎动物也处在濒危状态，约占中国脊椎动物总数的7.7%。近二三十年来，中国海洋底层和近层鱼类资源衰落，产量下降，渔获物组成低龄化、小型化和低值化。

　　从20世纪70年代末开始，世界上的许多科学家已经着手深入研究生态环境问题与国家安全之间的关系。一些专家指出，"土壤的侵蚀、地球基本生物系统的退化以及石油储量的枯竭，目前正在威胁着每个国家的安全"。国际社会不仅已经认识到生态安全对于人类社会发展的重要意义，而且已经开始行动。早在1972年6月5日，第一届人类环境大会在瑞典首都斯德哥尔摩举行，会议广泛研讨并总结了有关保护人类环境的理论和现实问题，提出了"只有一个地球"的口号。

　　1992年6月，联合国环境与发展大会在巴西的里约热内卢召开。这是斯德哥尔摩会议后的20年中环境与发展领域规模最大、级别最高的一次国际会议，有183个国家和70个国际组织代表团参加，102位国家元首或政府首脑到会讲话。会上，有154个国家签署了《气候变化框架公约》，该公约是1992年5月22日联合国政府间谈判委员会达成的，是世界上第一个应对全球气候变暖的国际公约，也是国际社会在应对全球气候变化问题上进行国际合作的一个基本框架。148个国家签署了《保护生物多样性公约》，还通过了有关森林保护的非法律性文件《关于森林问题的政府声明》。会后，各国为履行环保承诺，作出了大量工作和努力。

1997年12月，为了避免人类受到全球气候变暖的威胁，在日本京都召开的《联合国气候变化框架公约》缔约方第三次会议通过了旨在限制发达国家温室气体排放量以抑制全球变暖的《京都议定书》，为各国的二氧化碳排放量规定了标准。该议定书需要占全球温室气体排放量55%以上的至少55个国家批准，才能成为具有法律约束力的国际公约。中国政府于1998年签署并于2002年8月核准。

2009年12月，《联合国气候变化框架公约》缔约方第十五次会议在丹麦首都哥本哈根召开，192个国家的谈判代表出席峰会，商讨《京都议定书》一期承诺到期后的后续方案，就未来应对气候变化的全球行动签署新的协议。发达国家美国与中国、印度、南非、巴西等发展中国家达成一项非约束力的"五国协议"，其后获得了20多个国家的支持，联合国将这一协议作为哥本哈根会议的重要成果，定位为《哥本哈根协议》。

2010年12月3日，首届世界生态安全大会在柬埔寨首都金边市举办。该会议由国际生态安全合作组织、亚洲政党国际议会和柬埔寨王国皇家政府联合主办，有来自60多个国家的政党、议会、政府代表团出席。大会围绕"和平发展与生态安全"的主题展开讨论，呼吁有关各国切实履行《联合国气候变化框架公约》和《京都议定书》，努力减少温室气体排放；同时呼吁发达国家履行承诺，有计划地向发展中国家提供财政支援，并敦促各国积极推行减排计划，共同承担保护地球责任。大会通过了《吴哥议定书》，对今后指导和促进各国经济社会和自然生态平衡、和谐发展具有深远的意义，将为实现联合国千年发展目标作出新的贡献。

2012年12月9—12日，第二届世界生态安全大会在世界著名旅游城市印度尼西亚的巴厘岛召开。大会由国际生态安全合作组织、印尼共和国国会、亚洲政党气候变化委员会、印尼巴厘省政府、中国国际问题研究基金会、印尼苏加诺研究中心共同主办。来自全球80多个国家的政党领袖、议会负责人、政府领导人和国际组织负责人共600余位嘉宾出席了会议。大会围绕"生存与发展"这一主题展开了深入讨论，审议通过了《世界生态文明宣言与生态安全行动纲领》。首次从人类生存与发展的高度，确定生态文明是人类社会历史上继原始文明、农业文明、工业文明之后的新型文明形态，是构建和谐有序的生态机制和创设优美良好的生存环境所取得的物质和精神等方面成果的总和。此外，在"生态安全行动纲领"部分，确认了各国政党、国家议会、政府机构、国际组织和社会各界是《世界生态文明宣言和生态安全行动纲领》的主要行动者，将在建立生态安全教育体系，促进生态安全基础设施建设，促进生态立法，促进男女平等、青年参与生态安全，促进生态安全技术发展，促进国际多边合作交流等方面采取积极行动，共同应对气候变化，维护生态安全，保护自然环境，化解生态危机，实现经济、社会、生态的可持续发展。

第二届世界生态安全大会还高度评价了中国共产党第十八次全国代表大会将中国特色社会主义事业总体布局由"经济建设、政治建设、文化建设、社会建设"的"四位一体"拓展为包括了"生态建设"在内的"五位一体"，成为世界生态安全建设行动者的表率。

全球环境治理体系进一步完善，绿色发展成为全球发展议程中的核心趋势与要求。2015年9月通过的《全球2030年可持续发展议程》确立了2015—2030年经济发展与保护环境协调推进的方向，其中环境目标几乎直接或间接体现在所有指标中，凸显了新一代全球发展议程中环境可持续的趋势和要求。

二、各国负有共同但有区别的责任

　　绿色是永续发展的必要条件和人民追求美好生活的重要诉求。从某种角度来看，人类的文明史是利用绿色资源来提高人类生活质量的历史。绿色梦想不只是中国的，也是全人类社会的梦想。在生态危机面前，人类别无选择，唯有合作应对。但仅靠一个国家或几个国家的决心和力量是不可能办到的，需要全世界的共同努力和一致行动。因此，环境问题的根本解决离不开各个国家政府层面上的协作。但在全球生态安全与国家自我发展的两难选择中，国家自然会倾向后者。

　　例如，美国曾于1998年签署了《京都议定书》，但2001年布什政府以"减少温室气体排放将会影响美国经济发展"和"发展中国家也应该承担减排和限排温室气体的义务"为借口，不顾全球各国利益，宣布拒绝批准《京都议定书》。据有关媒体报道，2017年3月28日美国总统特朗普签署了一份名为"能源独立"的行政命令，旨在推翻奥巴马政府时期的气候政策。特朗普认为限制二氧化碳排放阻碍了美国钻井、采矿行业和经济的发展，要开启"美国能源生产一个新时代"，这份行政命令解除了对美国"能源生产的限制"，从而"带回我们的工作、我们的梦想，让美国再次富裕"，从而推翻了前总统奥巴马在2016年签署的关于禁止新的联邦土地煤炭开采租赁项目。这是特朗普一系列扫除前任绿色法规的行政命令的一部分。2017年6月1日，特朗普宣布美国退出《巴黎协定》，称该协定给美国带来"苛刻财政和经济负担"。2017年8月4日，美国正式向联合国递交文书，表达退出《巴黎协定》的意愿。他上任以来，在环境保护和履行国际义务方面作出了一个不够明智的开端。

对于发展中国家来说，不能因为减排而延续贫困，不能因应对气候变化而制约发展，仍需要把经济和社会发展、消除贫困作为首要和压倒一切的目标。安全与发展的两难问题同样突出，牺牲生态安全谋求发展，走发达国家"先污染后治理"的老路似乎在所难免。但对一个国家来说，应从明智选择和长远眼光来考量，资源环境是全民族的共同财富，绿色已经成为世界发展的潮流和趋势，保护环境、建设生态文明，符合全民族的利益。这正是在全球气候协商过程中能够达成共同愿景的原因所在。

关于各国如何履行责任的问题，各国均认为需要全球共同努力，但也有分歧，其中主要是发达国家和发展中国家、发达国家之间存在分歧，主要表现在发达国家与发展中国家关于生态危机的成因以及环境问题责任划分上。虽然发达国家在全球环境治理方面拥有技术、资金、管理等方面的优势，但在具体行动上却趋于保守消极，他们不承认自己环境污染的历史责任，推延履行甚至规避自己的援助承诺。发展中国家面临着发展经济和保护环境的双重任务，不可能或不愿意以牺牲发展的代价来换取环境保护，亟须发达国家的帮助来实现两者的协调。但是发达国家在把责任推向发展中国家的同时也提出了一些苛刻的条件，破坏了双方合作的基础。同时发达国家内部也存在着矛盾，发达国家为了争夺全球环境治理的主导权，在治理模式和机制的设定上存在着分歧。如在全球气候治理方面，欧盟的积极推动与美国的消极应对以及加拿大、日本等国家的观望态度形成了鲜明的对比。

虽然有分歧，但在历次全球环境会议上的不断磋商下，也逐渐取得了一些共识。解决全球性环境问题既需要全球的合作，又要重视发展中国家的作用。在保护和改善环境的协作中，各国达成了"共同但有区别的责任"。共同但有区别的责任在斯德哥尔摩会议上萌芽，《蒙特利尔议定书》使其初具雏形，最后确立于里约热内卢会议，成为国际环境法一项重要的原则，为国际环境法的发展注入了新的活力。

1972年斯德哥尔摩人类环境大会只强调了国际社会整体的保护

和改善全球环境的"共同责任",因而"很多发展中国家担心节约利用不可更新自然资源等保护环境的要求会妨碍他们为发展与贫困作斗争所作的所有重要努力"。大会呼吁发达国家应为环境保护作出主要的贡献,不能牺牲发展中国家的经济发展来换取国际环境标准的执行。发达国家和发展中国家为了人类的利益保护环境的工作不可能是等量等质的,发达国家负有更主要的责任。

1987年9月,联合国为了避免工业产品中的氟氯碳化物对地球臭氧层继续造成的恶化及损害,邀请26个成员国在加拿大蒙特利尔签署环境保护公约,自1989年1月1日生效。这个公约全名为《蒙特利尔破坏臭氧层物质管制议定书》(Montreal Protocol on Substances that Deplete the Ozone Layer)。它对于破坏大气臭氧层的五种氟氯碳化物的排放作出了严格的管制规定,规定了各国有共同努力保护臭氧层的义务,凡是对臭氧层有不良影响的活动,各国均应采取适当防治措施。但这个议定书未能体现出发达国家的排放是造成臭氧层耗减的主要责任者,对发展中国家提出的要求并不公平。在1989年的赫尔辛基缔约方第一次会议后,对《蒙特利尔破坏臭氧层物质管制议定书》进行了修订,要求不晚于2000年对有害臭氧层的工业合成物质的生产和使用进行淘汰替换。

1992年6月里约热内卢环境与发展大会召开,一个最主要的成果是通过了《里约宣言》,宣布"各国应本着全球伙伴精神,为保存、保护和恢复地球生态系统的健康和完整进行合作。鉴于导致全球环境退化的各种不同因素，各国负有共同的但是又有差别的责任。发达国家承认，鉴于他们的社会给全球环境带来的压力，以及他们所掌握的技术和财力资源，他们在追求可持续发展的国际努力中负有责任"。

2002年，世界环境与发展大会在南非约翰内斯堡召开，会议认为维护全球生态安全、实现可持续发展必须采取全球共同行动，也必须遵守"共同但有区别的责任"原则。该原则构成国际合作、构建和提升发展中国家履行国际环境法的能力，以共同应对全球环境问题。

关于共同但有区别责任原则的定义有很多观点，综合这些观点来看，我们认为共同但有区别的责任就是由于地球生态系统的整体性和导致全球气候退化的各种不同因素，在保护和改善全球环境方面，发达国家和发展中国家负有共同的责任，但责任的大小、承担的方式等方面须有所区别，发达国家应比发展中国家承担更主要的责任。

共同但有区别的责任首先强调的是责任的共同性，即在地球生态系统的整体性基础上，各国对保护全球都负有共同的责任。共同责任是指由于生态系统的整体性，不论国家大小、贫富，都对保护全球环境负有一份责任，都应当参加全球环境保护事业，都必须在保护和改善环境方面承担义务。著名学者金瑞林认为，共同责任就是各国通过参与环境保护的国际合作，在环境保护方面给予支持与帮助，采取各种措施来保护和改善本国管辖范围内的环境，同时防止管辖范围内的活动对他国或管辖范围以外的地区造成影响。

共同责任并不意味着"平均主义"。各国虽然负有保护国际环境的共同责任，但在各国之间，主要是在发展中国家与发达国家之间，这个责任的负担是有区别的，区别是对共同责任的一个限定。发达国家应当比发展中国家承担更大的或是更主要的责任，这主要是因为"历史上和目前全球温室气体排放的最大部分源自发达国家"。据科学测算，主要温室气体二氧化碳一旦排放到大气中，短则50年，最长约200年不会消失。另一方面，发展中国家的人均排放量也远远低于发达国家的人均量。同时，还必须注意到一个现实，发展中国家将大量碳密集型生产制造出来的产品销往发达国家，那么，作为消费方的发达国家应当为碳排放承担一定的责任。因此，"温室气体排放不能只看当前，不看历史；不能只看总量，不看人均；不应只看生产、不看消费"。发达国家走了"先污染后治理"的道路，全球环境污染主要是由发达国家造成的，而发达国家由于经济领先，在解决环境问题方面具有更大的能力，有更多先进的技术，理应为解决全球环境问题起到带头作用并承担更多的义务。在实践中，有区别的责任对发展中国家和发达国家的要求体现在不同方面。对发展中国家来说，必须发展经济，提高保护环境的能力，区别责任并不是免去发展中国家保护环境的义务，而是要其承担与其能力相适应的责任。对发达国家而言，应当在现有的发展援助以外，提供新的、额外的、充分的资金，帮助发展中国家参加到全球环境保护中。

"共同但有区别的责任"是更公平、更实际、更易于为广大发展中国家所接受的原则。当今世界，各国都在积极追求绿色、智能、可持续的发展。特别是进入新世纪以来，绿色经济、循环经济、低碳经济等概念纷纷提出并付诸实践。2008年国际金融危机后，为刺激经济振兴，创造就业机会，解决环境问题，联合国环境署提出绿色经济发展议题，2008年发出了《绿色倡议》，在2009年的20国集团会议上被各国广泛采纳。各主要国家把绿色经济作为本国经济的未来，抢占未来全球经济竞争的制高点，加强战略规划和政策资金支持，绿色发展成为世界经济发展的方向。

在生态文明2013年贵阳国际论坛年会上，多米尼克总理斯凯里特在开幕式上发表主旨演讲，他说，"我们都是在同一条船上的，不管你是贫穷还是富裕、是大国还是小国、是东方国家还是西方国家"，呼吁世界各国共同加强环境保护，走可持续发展道路。在谈到代际公平的问题时，他指出："我们现在所拥有的国土，不是我们自己的，而是我们为我们的子孙后代所代管的。"斯凯里特表示：

"一个国家自己成功了，但是危害了子孙后代的利益，怎么能够称为已经完成一代人自身的使命呢？"斯凯里特还特别谈到了政府、企业和个人在加强环境保护中的义务和责任。他认为，世界上所有的国家都应该共同努力，所有的组织、企业、个人也都应该努力，因为我们每一个人都有权利去作决定，去影响整个世界。就各国如何应对气候变化的问题，斯凯里特表示，鉴于各国的具体情况不同，不能够采取同样的解决方案，但所有国家都应更重视可持续性的发展，减少碳的排放，减少气候变化所带来的不利影响。

2014年，联合国发布《联合国千年发展目标报告（2014）》，评估全球落实千年发展目标的进展，虽然有很多的具体目标已经实现，但总体议程仍未完成。就环境治理和保护方面而言，全球环境治理体系还存在诸多的现实困境。由于千年发展目标在2015年到期，为了继续完成未实现的目标，联合国启动了2015年后发展议程的国际进程，旨在推动全球治理模式的变革和创新，构建起新的全球治理模式，其中就包括全球环境治理模式，以解决现有环境治理体系的矛盾和分歧，确立一致的远景目标，督促各国履行环境治理承诺。

欧盟实施绿色工业发展计划，投资1050亿欧元支持欧盟地区的绿色经济。美国也开始主动干预产业发展方向，再次确认制造业是美国经济的核心，瞄准高端制造业、信息技术、低碳经济，利用技术优势谋划新的发展模式。同时，一些国家为了维持竞争优势，不断设置和提高绿色壁垒，全球化面临新的挑战，绿色标准已经成为国际竞争的又一领域。

2014年5月8日在天津召开的APEC绿色发展高层圆桌会，以"促进亚太地区绿色发展与绿色转型"为主题，就促进绿色发展、加强绿色供应链领域合作达成共识，会议通过了《APEC绿色发展高层圆桌会宣言》。2014年6月23日至27日，首届联合国环境大会在肯尼亚首都内罗毕召开，为推动世界在生态保护方面达成共识迈出了重要一步。这次会议第一次把环境问题与和平、安全、财政、卫生和贸易等挑战置于同等地位，把环境问题上升到全球生态文明建设的高度来推进。2015年12月12日，在《联合国气候变化框架公约》第21次缔约方大会暨《京都议定书》第11次缔约方大会上，全球195个缔约方国家通过了《巴黎协定》这一具有历史意义的应对全球气候变化的新协议，表明通过气候行动打造绿色未来已经成为人类共同的选择。习近平指出："巴黎协议不是终点，而是新的起点。应对气候变化的全球努力给我们思考和探索未来全球治理模式、推动建设人类命运共同体带来宝贵启示。"

三、中国建设美好地球家园的坚定决心和积极行动

　　随着经济全球化，生态问题国际化趋势日益明显，国际生态规则正面临深刻变革。中国主动适应生态全球化的趋势，积极推动生态绿色外交和绿色国际合作，促进全球生态治理体系的建立，为建设绿色世界贡献智慧和力量，参与全球生态治理的实践，为全球生态治理增加正能量。随着生态问题的日益突出，国际社会对保护森林、改善生态的认识高度统一，应对气候变化和治理全球生态已成为各国的共同行动。中国是一个负责任的大国，一直积极主动地承担全球环境治理责任。尤其是中共十八大以来，中国主动适应生态全球化的趋势，积极推动生态绿色外交和绿色国际合作，促进全球生态治理体系的建立，为建设绿色世界贡献智慧和力量。

　　中国生态文化的核心思想是"人与自然和谐"，生态文化建设的主要任务是"科学认识，积极倡导和大力推动，实现人与自然的和谐"。为了大力弘扬生态文化，2008年10月8日，中国生态文化

协会在人民大会堂举办成立大会，充分体现了政府对生态文化的重视。在未来的发展中，要最大限度地减少发展政策对环境造成的不利影响，把环境可持续发展的观念贯穿于计划和发展的相关方面。

2017年5月22日，国家环境保护部官员在第24个国际生物多样性日专题宣传活动上说："目前，中国森林覆盖率提高到21.66%，草原综合植被盖度达54%。各类陆域保护地面积达170多万平方公里，约占陆地国土面积的18%，提前实现联合国《生物多样性公约》要求到2020年达到17%的目标。"超过90%的陆地自然生态系统类型、

2017年3月12日，山东聊城大学美术学院的大学生们开展了"春天来了，为小鸟建一个家"的爱心活动。通过活动，可以使大学生们亲近自然、爱护鸟类，促进了人与大自然的和谐发展。

89%的国家重点保护野生动植物种类以及大多数重要自然遗迹均在自然保护区内得到保护，大熊猫、东北虎、朱鹮、藏羚羊、扬子鳄等部分珍稀濒危物种野外种群数量稳中有升。

在应对全球气候变化方面，不论从国际影响力、温室气体年度排放总量还是从加快推进中国绿色低碳发展转型的力度和行动上来看，中国在以《联合国气候变化框架公约》为基础的全球气候治理体系中都扮演着史无前例的重要角色。今天的中国在参与建设全球气候治理体系的过程中，越来越多地主导谈判进程、提出详细方案，越来越多地扮演制度设计者和领导者的角色。当然，中国需要正视自己作为发展中国家在《联合国气候变化框架公约》承担的与日俱增的国际责任。

中国一向重视将环境保护和生态建设理念融入国际经济合作之中，尤其是于2013年正式提出丝绸之路经济带和21世纪海上丝绸之路建设（"一带一路"）构想之后，沿线国家不断掀起合作热潮。在经济合作一马当先的前提下，包括生态文明建设等其他方面合作的重要性也逐渐凸显。在与包括"一带一路"、G20、APEC等全球126个国家的合作中，将环境保护的理念融入合作框架，同世界各国在智能制造、智慧城市、跨境电子商务等各领域开展合作，推动区域环保信息互联互通，促进环保合作资源的区域流通与共享。

"一带一路"沿线各国环境政策、法规各异，通过信息沟通和共享，一方面有助于推动环保标准的区域对接，以保证相关项目建设采用严格保障措施，确保建设项目的环境安全，另一方面有助于识别、了解各国环保合作的具体需求，提高区域环保合作资源的配置效率。建设绿色"一带一路"，与国际绿色发展的趋势相适应，与中国大力推进生态文明建设的内在要求相契合，同时也顺应了发展中国家要求绿色发展、保护环境的现实需求，能够为"一带一路"的顺利实施提供重要支撑和坚实保障。

2017年4月24日，环境保护部、外交部、发展改革委员会、商务部四部委联合印发了《关于推进绿色"一带一路"建设的指导意见》（以下简称《指导意见》），在"一带一路"建设中突出生态文明理念，推动绿色发展，加强生态环境保护，共同建设绿色丝绸之路，彰显了中国在"一带一路"建设中突出生态文明理念、促进绿色发展、建设绿色丝绸之路的愿景与行动。《指导意见》提出了建设绿色丝绸之路的总体思路、基本原则、主要目标、重点任务以及保障措施等，勾画出绿色丝绸之路的建设蓝图，并提出了加强生态环境、促进绿色发展的路径和保障措施。

共建绿色丝绸之路，打造合作新亮点。中国主动关注"一带一路"沿线国家的利益关切，加强生态环境、生物多样性和应对气候变化的国际合作，优化生态条件保障，共建绿色丝绸之路。适应"一带一路"倡议、构建对外开放型经济的需求，突出生态环保、防沙治沙、清洁能源开发、海洋生态保护等重点，加强"一带一路"国内部分的生态治理工作，大力发展绿色生态产业。中国与波兰、罗马尼亚等国家签署了双边林业合作协议，启动了亚欧林业示范项目，举办了中亚地区林业战略合作高级研讨会。2016年1月13日中国政府发布的《中国对阿拉伯国家政策文件》提出："应对气候变化和环境保护、林业合作。大力推动中阿在《联合国气候变化框架公约》《生物多样性公约》《联合国防治荒漠化公约》等机制下的沟通协调，通过双多边渠道积极开展在环境政策对话与信息交流，环

2016年4月29日，福建省海洋景观生态工程研究中心展示馆在福州正式开馆。该馆由福建省水产研究所指导建设，占地200平方米，主要用于展示海洋生物资源、海洋生态功能景观、海洋生态保护等方面的研究成果，是集科研、教育、学术交流为一体的展示馆。

境立法，水、空气、土壤污染防治，提高公众环境保护意识，环境影响评估，环境监测，环保产业与技术，保护生物多样性，防治荒漠化，干旱地区造林，森林经营，环保人员培训和举办研讨会等方面的交流与合作，共同提高应对气候变化和环境保护能力。"

在《落实2030年可持续发展议程中方立场文件》中，中国特别指出：加强环境保护，树立尊重自然、顺应自然、保护自然的生态文明理念。加大环境治理力度，以提高环境质量为核心，推进大气、水、土壤污染综合防治，形成政府、企业、公众共治的环境治理体系。推进自然生态系统保护与修复，保护生物多样性，可持续管理森林。加强海洋环境保护，筑牢生态安全屏障。积极应对气候变化，坚持共同但有区别的责任原则、公平原则和各自能力原则，加强应对气候变化行动，推动建立公平合理、合作共赢的全球气候治理体系。把应对气候变化纳入国家经济社会发展战略，坚持减缓与适应并重，增强适应气候变化能力，深化气候变化多双边对话交流与务实合作。有效利用能源资源，全面推动能源节约，开发、推广节能技术和产品，建立健全资源高效利用机制，大幅提高资源利用综合效益。建设清洁低碳、安全高效的现代能源体系，促进可持续能源发展。大力发展循环经济，培养绿色消费意识，倡导勤俭节约的生活方式。建设节水型社会，实施雨洪资源利用、再生水利用、海水淡化的政策。

中国的这些主张获得了与会各国的广泛认同。联合国拉丁美洲和加勒比经济委员会执行秘书阿莉西亚·巴尔塞纳对于2017年5月14日习近平在"一带一路"国际合作高峰论坛的讲话中谈到的基础设施、经贸、投资和金融等各个领域都表示密切关注。她说，习主席强调人民之间的和平共存和共同繁荣，这带给世界人民以希望，让自己尤为欢欣鼓舞——因为这与联合国在2015年通过的《2030年可持续发展议程》不谋而合。不仅为可再生能源、水资源利用和可循环经济的发展都提供了机遇，而且通过创造就业更加增强了该地区的可持续性发展空间。

习近平指出："建设绿色家园是人类的共同梦想。我们要着力推进国土绿化、建设美丽中国，还要通过'一带一路'建设等多边合作机制，互助合作开展造林绿化，共同改善环境，积极应对气候变化等全球性生态挑战，为维护全球生态安全作出应有贡献。"这是习近平一贯的立场，他在致生态文明贵阳国际论坛2013年年会的贺信中表达了类似的观点："保护生态环境，应对气候变化，维护能源资源安全，是全球面临的共同挑战。中国将继续承担应尽的国际义务，同世界各国深入开展生态文明领域的交流合作，推动成果分享，携手共建生态良好的地球美好家园。"

中国政府在生态治理理念和实践上都作出了很大努力，提出了绿色发展理念，发布了《关于加快推进生态文明建设的意见》。习近平在2015年11月30日举办的巴黎气候变化大会上指出："面向未来，中国将把生态文明建设作为'十三五'规划重要内容，落实创新、协调、绿色、开放、共享的发展理念，通过科技创新和体制机制创新，实施优化产业结构、构建低碳能源体系、发展绿色建筑和低碳交通、建立全国碳排放交易市场等一系列政策措施，形成人和自然和谐发展现代化建设新格局。"习近平庄严承诺："中国在'国家自主贡献'中提出将于2030年左右使二氧化碳排放达到峰值并争取尽早实现，2030年单位国内生产总值二氧化碳排放比2005年下降60%—65%，非化石能源占一次能源消费比重达到20%左右，森林蓄积量比2005年增加45亿立方米左右。"

中国认真履行国际公约，积极推动全球生态治理，妥善应对了野生动植物非法交易、木材非法采伐、气候变化等热点敏感问题。"十三五"规划纲要提出："坚持共同但有区别的责任原则、公平原则、各自能力原则，积极承担与中国基本国情、发展阶段和实际能力相符的国际义务，落实强化应对气候变化行动的国家自主贡献。积极参与应对全球气候变化谈判，推动建立公平合理、合作共赢的全球气候治理体系。深化气候变化多双边对话交流与务实合作。充分发挥气候变化南南合作基金作用，支持其他发展中国家加强应对气候变化能力。"

中国政府推动亚太区域合作，绘制更美蓝图。在中国政府的积极倡导下，首届亚太经合组织（APEC）林业部长级会议于2011年9月在北京举行。会议以"加强区域合作，促进绿色增长，实现亚太林业可持续发展"为主题，探讨实现亚太林业可持续发展对促进区域经济社会发展的重要意义，交流各成员林业发展的举措和经验，分析亚太地区林业发展面临的机遇和挑战，并通过了《北京林业宣言》。这一由中国政府倡议举办、亚太森林组织资助并协办的对话平台，是目前亚太区域唯一的林业部长级对话交流平台。2007年，第十五届APEC领导人非正式会议通过的《悉尼气候变化宣言》提出了"截至2020年，APEC区域森林覆盖面积至少增加2000万公顷"的林业发展目标。联合国粮农组织2015年全球森林资源评估数据显示，APEC区域森林面积在2007年至2015年间增长了1540万公顷，总面积已达到21.9亿公顷。森林面积增加最显著的经济体为中国（1230万公顷）、美国（380万公顷）和俄罗斯（360万公顷）。在2015年10月27日召开的第三届亚太经合组织林业部长级会议上，中方建议通过亚太森林组织建立一个相对固定的亚太经合组织林业合作渠道，将亚太经合组织领导人非正式会议和高级别对话转化为务实的项目和活动，共同为亚太区域林业合作与发展绘制更加清晰的蓝图，为促进全球林业发展作出更大贡献。

中国政府认真落实气候变化领域南南合作政策承诺，多年来一直支持发展中国家特别是最不发达国家、内陆发展中国家、小岛屿发展中国家应对气候变化挑战。为加大支持力度，中国于2015年9月在中美关于气候变化的联合声明中宣布，设立200亿元人民币的中国气候变化南南合作基金。从2016年开始，在发展中国家开展10个低碳示范区、100个减缓和适应气候变化项目及1000个应对气候变化培训名额的合作项目，继续推进清洁能源、防灾减灾、生态保护、气候适应型农业、低碳智慧型城市建设等领域的国际合作，帮助他们提高融资能力。

在2016年5月召开的第二届联合国环境大会上，联合国环境规划署发布的《绿水青山就是金山银山：中国生态文明战略与行动》报告显示，截至2014年年底，中国全国城镇累计建成节能建筑面积105亿平方米，约占城镇民用建筑面积的38%；新能源汽车的产量在2011年至2015年之间增长了45倍。中国还建成发展中国家最大的空气质量监测网。中国在成功地降低单位国内生产总值能耗的同时，也降低了单位国内生产总值二氧化碳排放量。如果成功践行生态文明理念，到2020年，中国森林覆盖率将达近23%，用水量将减少23%，能源消耗减少15%，单位国内生产总值二氧化碳排放量降低18%。中国代表的发言和联合国环境规划署的报告，受到各国代表的高度评价。联合国副秘书长、环境规划署执行主任施泰纳表示，中国的生态文明建设是对可持续发展理念的有益探索和具体实践，为其他国家应对类似的经济、环境和社会挑战提供了经验借鉴。

中共十九大闭幕之后，中国气候变化事务特别代表在2017年10月31日召开的国新办新闻发布会上表示：中共十九大报告"对过去五年来中国参与应对全球气候变化进程中的一个客观评价和总结，也是对未来在全球气候治理的进程中，所要发挥作用的期望和要求"。在应对气候变化方面，中国统筹国际国内两个大局，将国内可持续发展和应对气候变化行动相结合，走在了国际社会的前列。

国内方面，过去十年，中国在经济增长的同时减少了41亿吨的二氧化碳排放。在"十二五"期间碳强度下降了21.8%的基础上，中国又提出"十三五"期间单位GDP二氧化碳排放下降18%的约束性目标。国际方面，在多边进程中，中国积极地参加全球气候治理进程，特别是在《巴黎协定》达成、签署、生效的过程中，中国发挥了重要作用。

《联合国气候变化框架公约》第二十三次缔约方大会（COP23）于2017年11月6—17日在德国波恩召开。解振华表示希望各国兑现2020年之前的承诺、采取切实行动，设计好2020年之后的制度安排。希望美国能够再回到《巴黎协定》的大家庭里来，共同构建人类命运共同体。

绿色发展只有起点，没有终点，中国正携手世界各国，共同履行实现全球生态安全的历史责任，共同建设天蓝、地绿、水净的美丽世界。绿色发展关系全人类的福祉和未来，也孕育着世界发展的历史性机遇。如果各国均以对人类共同负责和人类间相互包容的精神，秉持平等、互助、合作、共赢的宗旨，以改革促创新，以创新引领绿色发展，人类必将携手迈向生态文明的新时代。

结束语

2013年3月24日,习近平在莫斯科国际关系学院发表演讲,首次在国际上阐述了"人类命运共同体"思想。人类命运共同体是指在追求本国利益时要兼顾他国合理关切,在谋求本国发展中促进各国共同发展的思想。习近平在演讲中阐述了和平、发展、合作、共赢的时代潮流,各国的相互依存关系,提出人类命运共同体是"共享"的共同体的思想。历经数千年沧桑演进,国际社会从未像今天这样紧密相连、休戚相关、命运与共。我们既面临再创人类文明新辉煌的重大机遇,也面临侵蚀人类文明既有成果的严峻挑战。习近平指出:"人类已经成为你中有我、我中有你的命运共同体,利益高度融合,彼此相互依存。"要构建人类命运共同体,实现共赢共享,这是中国基于自身历史文化传统,把握世界发展潮流,针对世界向何处去这一时代命题提出的中国方案,受到国际各方的高度重视和广泛赞誉。这个思想十分丰富,经过40年改革开放的当代中国有意愿、有能力思考全人类的前途命运，而且正致力于用自己的思想和行动向世界施加积极的建设性的影响。

全球生态安全是人类命运共同体的物质承载基础，人类命运共同体以"呵护自然，人与自然和谐相处"为基本理念，坚持"尊重自然、顺应自然、保护自然"的基本原则，以"国际社会携手推进绿色、低碳、循环、可持续发展"为基本方式，从而"构筑尊崇自然，绿色发展的生态体系"。任何国家要想自己发展，必须让别人发展；要想自己安全，必须让别人安全；要想自己活得好，必须让别人活得好。在这样的背景下，人们对共同利益也有了新的认识。既然人类已经处在"地球村"中，那么各国公民同时也就是地球公民，全球的利益同时也就是自己的利益，一个国家采取有利于全球利益的举措，也就同时服务了自身利益。

人类命运共同体是人类原本应有的生存状态，但是这种原本应有的状态却屡遭人为破坏而急需再造。世界各国必须走全面发展之路，让发展基础更加坚实。这就需要全球各国政府树立尊重自然、顺应自然、保护自然的理念，构筑尊崇自然、绿色发展的生态体系，一同努力实现经济、社会、环境协调发展，共谋全球生态文明建设之路，携手共建生态良好的地球美好家园，实现世界的可持续发展和人的全面发展。

习近平说："要清醒认识保护生态环境、治理环境污染的紧迫性和艰巨性，清醒认识加强生态文明建设的重要性和必要性，以对人民群众、对子孙后代高度负责的态度和责任，真正下决心把环境污染治理好、把生态环境建设好，努力走向社会主义生态文明新时代，为人民创造良好生产生活环境。"

走向生态文明新时代，建设美丽中国，是实现中华民族伟大复兴的中国梦的重要内容。我们将按照尊重自然、顺应自然、保护自然的理念，贯彻节约资源和保护环境的基本国策，更加自觉地推动绿色发展、循环发展、低碳发展，把生态文明建设融入经济建设、政治建设、文化建设、社会建设各方面和全过程，形成节约资源、保护环境的空间格局、产业结构、生产方式、生活方式，为子孙后代留下天蓝、地绿、水清的生产生活环境。

全球都需要认识到"生态兴则文明兴，生态衰则文明衰"的道理，"山水林田湖是一个生命共同体，人的命脉在田，田的命脉在水，水的命脉在山，山的命脉在土，土的命脉在树"。在人类命运共同体的大背景下理解"生命共同体"，国际社会唯有携手同行，牢固树立尊重自然、顺应自然、保护自然的意识，坚持走绿色、低碳、循环、可持续发展之路，才有可能实现世界的可持续发展和人的全面发展。

二十国集团第十一次领导人峰会在中国的杭州召开之时，就能源可及性、可再生资源、能效共同制订了行动计划，应对气候变化的《巴黎协定》正式生效，中国提出的南南合作"十百千"项目稳步推进，将人类与生态的命运共同规划、协调统筹，人类命运共同体理念的前瞻性更为凸显，人类命运共同体的延续性得到了进一步升华。

构筑尊崇自然、绿色发展的生态体系，是着眼于命运共同体的持久未来。恩格斯在《自然辩证法》一书中总结历史规律，发出深刻警醒："我们不要过分陶醉于我们人类对自然界的胜利。对于每一次这样的胜利，自然界都对我们进行报复。"良好的全球生态环境，是整个人类赖以繁衍生息和生存发展的前提和基础，全球各国应当承担起对子孙后代发展负责的战略责任，承担起这个功在当代、利在千秋的伟大事业。